W0255221

WERKSTATTBÜCHER

Verzeichnis der zur Zeit lieferbaren und der in Kürze erscheinenden Hefte,
nach Fachgebieten geordnet

Das Gesamtverzeichnis mit Inhaltsangabe jedes einzelnen Heftes ist erhältlich in den
Fachbuchhandlungen und unmittelbar beim
Springer-Verlag, 1 Berlin 33, Heidelberger Platz 3

Preis jedes Heftes DM 4,50 (der mit * bezeichneten DM 6,–, der mit ** bezeichneten DM 7,50)
Bei gleichzeitigem Bezug von 10 beliebigen Heften ermäßigt sich der Heftpreis um 20%

(Fortsetzung 3. Umschlagseite)

WERKSTATTBÜCHER

FÜR BETRIEBSFACHLEUTE, KONSTRUKTEURE UND STUDENTEN

HERAUSGEBER DR.-ING. H. HAAKE, HAMBURG

HEFT 44

Stanzereitechnik

Erster Teil

Begriffe, Technologie des Schneidens

Die Stanzerei

Von

Dipl.-Ing. Erich Krabbe VDI

Unna/Westf.

Vierte neubearbeitete Auflage

(19.–24. Tausend)

Mit 129 Abbildungen

Springer-Verlag Berlin Heidelberg GmbH

1968

Inhaltsverzeichnis

ISBN 978-3-662-39237-9   ISBN 978-3-662-40251-1 (eBook)
DOI 10.1007/978-3-662-40251-1

Die Wiedergabe von Gebrauchsnamen, Handelsnamen, Warenbezeichnungen usw. in diesem Buche berechtigt auch ohne besondere Kennzeichnung nicht zu der Annahme, daß solche Namen im Sinne der Warenzeichen- und Markenschutz-Gesetzgebung als frei zu betrachten wären und daher von jedermann benutzt werden dürften. Alle Rechte vorbeh lten. Kein Teil dieses Buches darf ohne schriftliche Genehmigung des Springer-Verlages übersetzt oder in irgendeiner Form vervielfältigt werden. © by Springer-Verlag Berlin Heidelberg 1968.
Titel Nr. 7026
Ursprünglich erschienen bei Springer-Verlag Berlin Heidelberg New York 1968.

Vorwort — Einleitung — Begriffe

Die Stanzereitechnik hat sich als eine Vereinigung von spanlosen Fertigungsverfahren mit großen Mengenleistungen in der Industrie ein breites Anwendungsgebiet gesichert. Damit sich der Leser in den vielen Einzeldarstellungen des Schrifttums leicht zurechtfindet, sollen ihm die unten genannten Werkstattbücher eine planmäßige Einteilung des Stoffes zur Entlastung des Gedächtnisses bieten. Die Gesamtarbeit will kein Handbuch sein, sondern nur ein Führer durch die Stanzereitechnik.

Unter Technik soll die Art und Weise verstanden sein, wie man gegebene Fertigungsmittel verwendet, um einem Gedanken oder einer Vorstellung sinnlich wahrnehmbaren Ausdruck zu verleihen, oder schlagwortartig ausgedrückt: „Technik ist der Weg, Wissen in Können umzusetzen."

Gegenstand der Stanzereitechnik ist im wesentlichen das *Blech* in Tafeln, Bändern, Streifen und Ausschnitten, an dem Arbeitsgänge folgender Gruppen vorgenommen werden:

Trennen durch Abschneiden, Ausschneiden, Lochen, Beschneiden u.a.,
Umformen durch Biegen, Bördeln, Tiefziehen u.a.,
Fügen durch Falzen, Verlappen, Schweißen u.a.

Stanzen ist eben nicht ein bestimmtes Fertigungsverfahren, sondern als „Stanzereitechnik" die Zusammenfassung einer ganzen Reihe verschiedener Arbeitsverfahren (vgl. dazu auch die Gruppe DK 621.96 „Schneiden, Stanzen, Scheren" im DIN-Normblattverzeichnis).

Stanzereitechnische Vorgänge sind alte Handwerkskünste. Je nach dem Gewerbe, aus welchem sie erwuchsen, tragen Verfahren, Werkzeuge und Werkstücke verschiedene Benennungen, so daß eine einfache Verständigung zwischen den Berufszweigen nicht ohne weiteres gegeben ist. Deshalb ist eine Normung hier aus zwei Gründen zu begrüßen: Neben der systematischen Begriffs- und Bezeichnungsordnung an sich muß erstens auch im Hinblick auf die internationale Verflechtung der Technik jedes Mittel der Verständigungserleichterung benutzt werden; zweitens gestatten diese Begriffsbestimmungen die Findung von Symbolen, wie sie für Organisationsvorgänge (Arbeitsvorbereitung, Programmsteuerungen und automatische Rechnungen) notwendig sind. Um was es hierbei geht, möge man z.B. daraus ersehen, daß ein industrielles Werk ein ganzes Büro 3 Jahre mit der Festlegung solcher Symbole beschäftigen mußte.

In der Reihe der *Werkstattbücher* wird die *Stanzereitechnik* in den Heften 25 „Tiefziehtechnik", 44 „Technologie des Schneidens", 57 „Bauteile des Schnittes", 59 „Grundsätze für den Aufbau von Schnittwerkzeugen", 60 „Formstanzen" und 117 „Metalldrücken" behandelt. Die genormten Begriffe und Bezeichnungen der Stanzereitechnik sind erst jungen Datums und konnten daher in den oben angeführten Heften, soweit diese zur Festlegungszeit bereits gedruckt waren, nicht berücksichtigt werden. Daher wird nun in dieser Einleitung zu Heft 44, das technologisch am Anfang der genannten Hefte steht und hier in 4. Auflage[1] neu bearbeitet

---

[1] Die ersten drei Auflagen sind 1931, 1940 und 1953 erschienen.

Herrn Professor Dr.-Ing. OTTO KIENZLE sprechen der Verfasser und der Herausgeber dieses Buches für seine wertvollen Vorschläge und Anregungen zur Neugestaltung ihren verbindlichsten Dank aus. Auch sonst gingen uns von vielen Seiten Hinweise zur weiteren Ausgestaltung dieses Heftes zu. Für alle Anregungen besten Dank!

1*

vorliegt, in ganz knapper Form ein Überblick über den Gedankengang der noch in der Entwicklung befindlichen Normung gegeben.

Die Stanzereitechnik im Rahmen der genormten[1] Fertigungsverfahren. Die Tabelle 1 gibt die Art und Einteilung der Fertigungsverfahren nach der grundlegenden Norm DIN 8580 an. Von den 6 Hauptgruppen der Fertigung kommen, wie schon erwähnt, für die Stanzereitechnik die Hauptgruppen 2 „Umformen", 3 „Trennen" und 4 „Fügen" sowie deren Kombinationen in Frage. *Umformen* ist Fertigen durch bildsames (plastisches) Ändern der Form eines festen Körpers. *Trennen* ist Fertigen durch Ändern der Form eines festen Körpers, wobei der Zusammenhalt örtlich aufgehoben, d. h. im Sinne der Tabelle 1 im ganzen vermindert wird. *Fügen*

Tabelle 1. *Gruppeneinteilung der Fertigungsverfahren nach DIN 8580.*
Hauptgruppen 1 bis 6

schaffen	beibehalten	Zusammenhalt vermindern	vermehren
Formschaffen		Formändern	Formergänzen
1. Urformen Beispiele: Kondensieren Schmelzen und Gießen Körniges Pressen und Sintern Galvanoplastik	*2. Umformen* durch Druck Zug Druck und Zug Biegung Schub	*3. Trennen* durch Zerteilen Spanen Abtragen Zerlegen Reinigen Evakuieren	*4. Fügen* durch Zusammenlegen Füllen An- und Ein- pressen Urformen Umformen Stoffverbinden	*5. Beschichten* Beispiele: Aufdampfen Aufschweißen Aufspritzen Anstreichen Galvanisieren Emaillieren

6. Stoffeigenschaften ändern durch

Umlagern	Aussondern	Einbringen
von Stoffteilchen		
z. B. Härten Anlassen	z. B. Entgasen Entkohlen	z. B. Aufkohlen Nitrieren

ist ein Zusammenbringen von zwei oder mehr Werkstücken oder von Werkstücken mit formlosem Stoff.

Die zur Umformtechnik gehörenden Fertigungsverfahren werden in Abhängigkeit von den jeweiligen Werkstoffeigenschaften bei verschiedenen Temperaturen durchgeführt. Dabei kann mit dem Umformvorgang eine bleibende, eine nur vorübergehende oder gar keine Festigkeitsänderung eintreten. Die Umformverfahren lassen sich somit in folgender Weise unterscheiden:

a) Umformen nach Anwärmen (Warmumformen),
   Umformen ohne Anwärmen (Kaltumformen);
b) Umformen ohne Festigkeitsänderung,
   Umformen mit vorübergehender Festigkeitsänderung,
   Umformen mit bleibender Festigkeitsänderung.

Bei der Einteilung der Umformverfahren (DIN 8582) ist man von den wirkenden Kräften ausgegangen: Druckkraft, Zugkraft, Biege- und Drillmoment und deren Kombinationen (s. Tab. 2).

---

[1] Verschiedene Darstellungen dieses Buches, besonders Gliederung und Begriffe der Fertigungsverfahren sind den dabei angegebenen DIN-Normen entnommen. Maßgebend sind die neuesten Ausgaben der DIN-Blätter, die vom Beuth-Vertrieb, Berlin 30 oder Köln, zu beziehen sind.

Tabelle 2. *Fertigungsverfahren der Hauptgruppe 2 „Umformen" nach DIN 8582*

Gruppen	Untergruppen		DIN-Normen
2.1 Druck- Umformen DIN 8583, Bl. 1	2.1.1 2 3 4 5	Walzen Freiformen Gesenkformen Eindrücken Durchdrücken	8583, Bl. 2 8583, Bl. 3 8583, Bl. 4 8583, Bl. 5 8583, Bl. 6
2.2 Zug-Druck- Umformen DIN 8584, Bl. 1	2.2.1 2 3 4 5	Durchziehen Tiefziehen Drücken Kragenziehen Knickbauchen	8584, Bl. 2 8584, Bl. 3 8584, Bl. 4 8584, Bl. 5 8584, Bl. 6
2.3 Zug- Umformen DIN 8585, Bl. 1	2.3.1 2 3	Längen Weiten Tiefen	8585, Bl. 2 8585, Bl. 3 8585, Bl. 4
2.4 Biege- Umformen DIN 8586	2.4.1 2 3 4 5 6 7 8	Freies Biegen Schwenkbiegen Rollbiegen Gesenkbiegen Ziehbiegen – profilieren Walzbiegen Rundbiegen Knickbiegen	8586, Bl. 1 8586, Bl. 2 8586, Bl. 3 8586, Bl. 4 8586, Bl. 5 8586, Bl. 6 8586, Bl. 7 8586, Bl. 8
2.5 Schub- Umformen	2.5.1 2	Verschieben Verdrehen	8587, Bl. 1 8587, Bl. 2

Von der Hauptgruppe 3 „Trennen" kommt für die Stanzereitechnik nur das „Zerteilen" in Betracht. *Zerteilen* ist nach DIN 8588 „mechanisches Trennen von Werkstoff ohne Entstehen von formlosem Stoff". Die Untergliederung des Zerteilens zeigt Tabelle 3.

Tabelle 3. *Fertigungsverfahren Gruppe „Zerteilen" der Hauptgruppe 3 „Trennen"*
nach DIN 8588

Untergruppen		Fertigungsverfahren		
Scherschneiden (gekürzt: Schneiden) DIN 8588, Bl. 2 (zwei Schneiden gleiten aneinander vorbei)	1	Offen-Schneiden Geschlossen-Schneiden	4	Ausklinken Einschneiden Nachschneiden Knabberschneiden
	2	Drückend-Schneiden Ziehend-Schneiden		
	3	Ausschneiden Lochen Abschneiden Zerschneiden Beschneiden	5	Gesamtschneiden Folgeschneiden
			6	Vollkantig-Schneiden Kreuzend-Schneiden
Keilschneiden DIN 8588, Bl. 3	1 2	Messerschneiden (eine Schneide gegen Hartholzblock) Beißschneiden (zwei Schneiden gegeneinander)		

Im Normblatt DIN 8593 werden *alle* Verfahren der Hauptgruppe 4 „Fügen" behandelt (vgl. Tab. 1). In der Stanzereitechnik findet praktisch ausschließlich das *Fügen durch Umformen* Anwendung, wenn man von der Weiterverarbeitung von

Stanzwerkstücken durch Schweißen, Löten oder Kleben absieht. Die oben genannten Werkstattbücher der Stanzereitechnik beschränken sich auf das Fügen durch Umformen (s. Tab. 4).

Tabelle 4. *Fertigungsverfahren Gruppe „Fügen durch Umformen" der Hauptgruppe 4 „Fügen"*
nach DIN 8593,5

1 Gemeinsam Körnen oder Kerben	9 Hohlnieten
2 Gemeinsam Bördeln	10 Knickausbauchen
3 Gemeinsam Sicken	11 Einziehen
4 Gemeinsam Ziehen	12 Einspreizen
5 Gemeinsam Fließpressen	13 Kerben und Körnen
6 Rohreinwalzen	14 Anbiegen
7 Falzen	15 Verlappen
8 Aufweiten	16 Verwinden, Verdrehen

Begriffe nach DIN 8588 für die in diesem Werkstattbuch zu behandelnden Verfahren der Tabelle 3. Zum Werkzeug gehört die Stammsilbe *Schneid-*, zum Werkstück die Stammsilbe *Schnitt-*. Demnach ist „Schnitt" nur noch im passiven Sinne[1] als „das Geschnittene" zu verwenden, z. B. Abschnitt, Ausschnitt usw.

Schneidflächen sind die mit dem zu schneidenden Werkstoff in Berührung kommenden Werkzeugflächen. Beim Scherschneiden ist die *Freifläche* um den Winkel α gegen die Senkrechte geneigt und der Trennfläche des Werkstoffs zugekehrt, die *Druckfläche* um den Winkel γ gegen die Werkstückoberfläche geneigt (Bild 82). Beim Keilschneiden gibt es nur zwei *Druckflächen* (Bild 13).

Schneidkeil ist der durch die Schneidflächen gebildete Werkzeugkeil, *Schneide* (Schneidkante) die Schnittlinie der Schneidflächen. *Schneidspalt* (Bilder 42 u. 43) ist beim Schneidvorgang der kleinste Abstand zwischen den aneinander vorbeigleitenden Schneiden des Ober- und Unterwerkzeugs. Beim Geschlossen-Schneiden gilt das auf den Durchmesser bezogene *Schneidspiel* (s. Fußnote S. 29).

Schneidebene (Bilder 17 u. 38) ist die ideelle Ebene, die die Schnittlinie (Schneide) tangiert und in der Schneidrichtung des Werkzeugs liegt.

Schnittlinie ist die Linie, längs der der Werkstoff geschnitten werden soll. *Schnittflächen* sind die beim Schneiden entstandenen Werkstofftrennflächen, *Schnittkanten* die Kanten der Schnittflächen. *Schnitteil* ist das Werkstück.

Die Schneidverfahren (Scherschneiden und Keilschneiden[2]) sind in DIN 8588 (s. Tab. 3) nach folgenden Gesichtspunkten unterteilt (Bild 1):

1. Schneidform: Beim *Offen-Schneiden* schneidet die Projektion der Schneide auf die Werkstoffoberfläche diese mindestens an einem Rand. Beim *Geschlossen-Schneiden* ist die Projektion der Schneide auf die Werkstoffoberfläche eine geschlossene Linie, z. B. beim Ausschneiden und Lochen.

2. Schneidbewegung: Beim *Drückend-Schneiden* bewegt sich das Messer in der Schneidebene senkrecht zur Schneide (Bild 1: $\lambda = 0$). Beim *Ziehend-Schneiden* bewegt sich die Schneide in der Schnittebene unter einem spitzen Winkel zur Schneidnormale, dem auf die Schneide gefällten Lot (Bild 1: $\lambda > 0$).

---

[1] Nach diesem Grundsatz müssen die in der Praxis bisher gebräuchlichen Werkzeugbezeichnungen, in denen die Silbe „Schnitt" vorkommt, wie z. B. Schnittplatte, Schnittgestell, Säulenschnitt, entsprechend in Schneidplatte, Schneidgestell, Säulenschneidwerkzeug oder Säulenschneidzeug geändert werden. Die Bezeichnung „Der Schnitt", die bisher sowohl für das Werkzeug als auch für die damit ausgeführte Tätigkeit gebraucht wurde, muß beim Werkzeug durch ein neues Wort, vielleicht „Das Schneidzeug", ersetzt werden.

[2] Das Keilschneiden dient als *Messer-Schneiden* zum Zerteilen zäher Stoffe, wie Pappe, Filz, Leder, Tuche, und wird in den Abschnitten 21, 22 und 44 dieses Buches behandelt.

3. Stellung der Schneiden zueinander (Bild 1): *Vollkantig-Schneiden* (auch parallelkantig Schneiden) ist Schneiden zwischen zwei in der Schneidebene parallelen Schneiden (Messerneigung $\varphi = 0$).

	Offen-Schneiden		Geschlossen-Schneiden	
	Drückend-Schneiden	Ziehend-Schneiden	Drückend-Schneiden	Ziehend-Schneiden
Vollkantig Schneiden $\varphi = 0$	Offen-Drückend-Vollkantig Schneiden	Offen-Ziehend-Vollkantig Schneiden	Geschlossen-Drückend-Vollkantig Schneiden	
Kreuzend Schneiden $\varphi > 0$	Offen-Drückend-Kreuzend Schneiden	Offen-Ziehend-Kreuzend Schneiden		Geschlossen-Ziehend-Kreuzend Schneiden

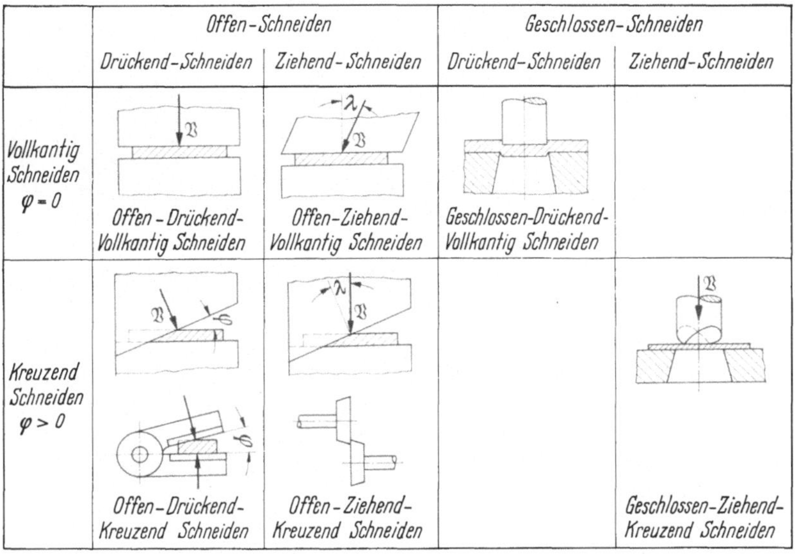

Bild 1. Schneidverfahren und Kombinationen (DIN 8588).

Kreuzend-Schneiden ist Schneiden zwischen zwei in der Schneidebene sich kreuzenden Schneiden (Messerneigung $\varphi > 0$).

4. Lage der Schnittlinien zur Werkstoffbegrenzung: *Ausschneiden* ist Schneiden längs einer in sich geschlossenen Schnittlinie zur Herstellung der Außenform am Werkstück (Bild 2).

Lochen ist Schneiden längs einer in sich geschlossenen Schnittlinie zur Herstellung der Innenform am Werkstück (Bild 3).

Abschneiden ist vollständiges Trennen des Werkstückes vom Werkstoff längs einer offenen (d.h. einer in sich nichtgeschlossenen) Schnittlinie (Bilder 4 und 5). Vgl. auch Bild 10.

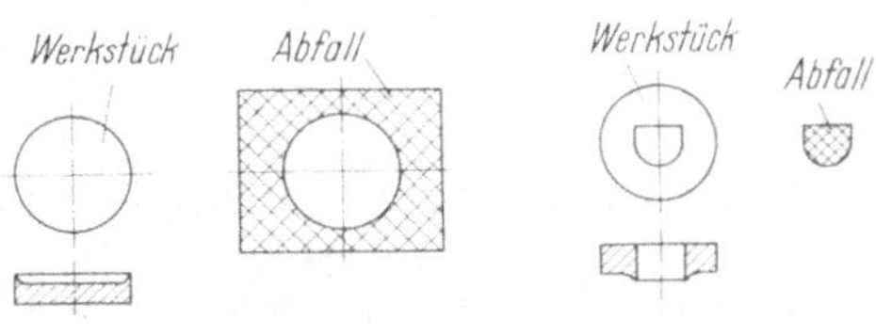

Bild 2. Ausschneiden (DIN 8588).

Bild 3. Lochen (DIN 8588).

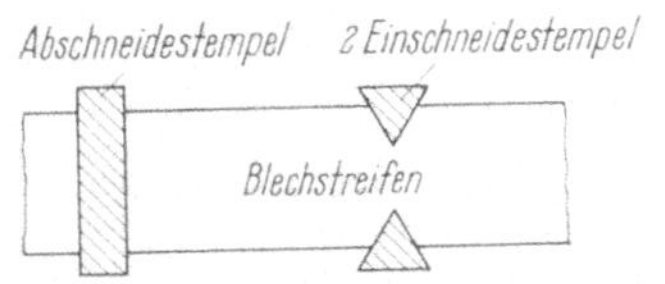

Bild 4. Ausklinken von Gehrungen (Einschneiden) und Abschneiden.

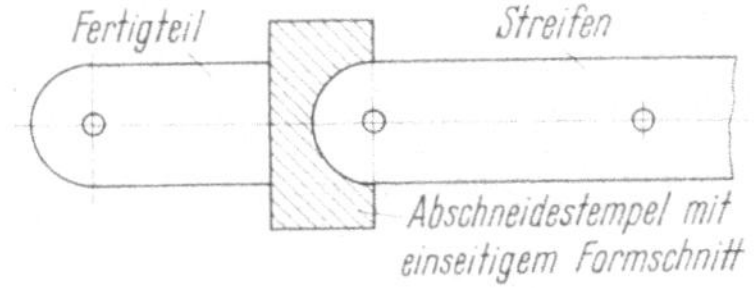

Bild 5. Abschneiden (Abhacken).

Zerschneiden ist vollständiges Trennen zweier Werkstücke längs einer offenen oder geschlossenen Schnittlinie (Bild 6).

Beschneiden ist vollständiges Trennen von überflüssigem Werkstoff an der äußeren Begrenzung von Werkstücken durch Offen- (Bild 7) oder Geschlossen-

Schneiden (Bild 8). Ähnlich wie beim Ziehen und Biegen muß auch beim Kalt-
und Warmpressen sowie beim Gesenkschmieden mit Stoffüberschuß gearbeitet
werden, damit man die Gewähr hat, daß der Werkzeughohlraum sich vollständig

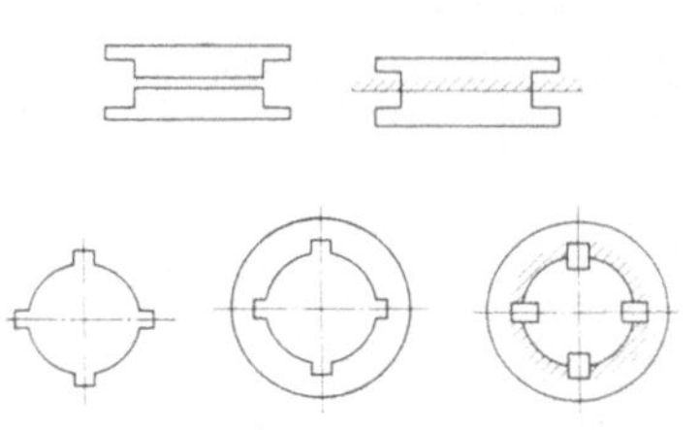

Bild 6. Zerschneiden (DIN 8588).

Bild 7. Beschneiden durch
Offen-Schneiden (DIN 8588).

Bild 8. Beschneiden durch
Geschlossen-Schneiden.

füllt und dabei noch genügend Verformungsdruck erhält. Dieser Stoffüberschuß
drängt sich als Grat zwischen die Werkzeugteile und muß nach der Verformung
durch *Abgraten*, meist ein Geschlossen-Schneiden, entfernt werden (Bild 9).

Ausklinken ist Herausschneiden von Flächenteilen an der inneren (Bild 10a)
oder äußeren Umgrenzung (Bild 10b) von Werkstücken längs einer an zwei Rand-
stellen offenen Schnittlinie. Vgl. auch Bild 4.

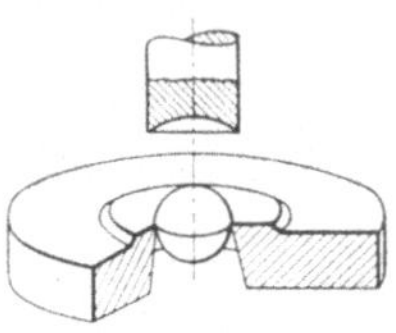

Bild 9. Abgraten durch Geschlossen-Schneiden.

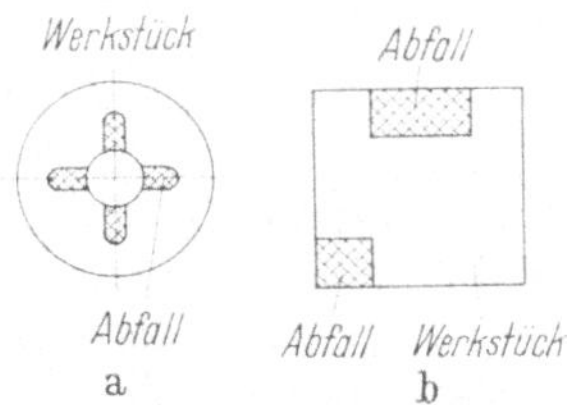

Bild 10. Ausklinken an der inneren (a) und äußeren (b)
Umgrenzung (DIN 8588).

Einschneiden entsteht, wenn man den Werkstoff teilweise trennt (Bild 11).
Nachschneiden ist im Abschnitt 32 beschrieben.

Beim *Knabberschneiden* wird stückweise Werkstoff längs einer beliebig geformten Schnittlinie abgetrennt (Bild 12).

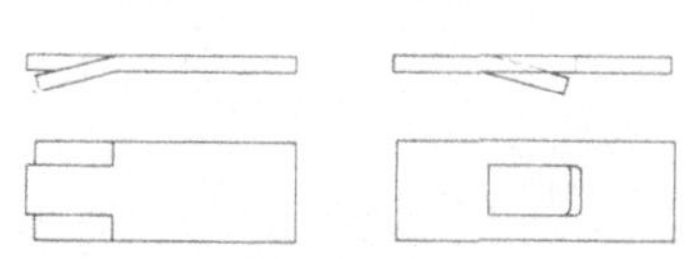

Bild 11. Werkstoff *teilweise* trennen (Einschneiden)
(DIN 8588).

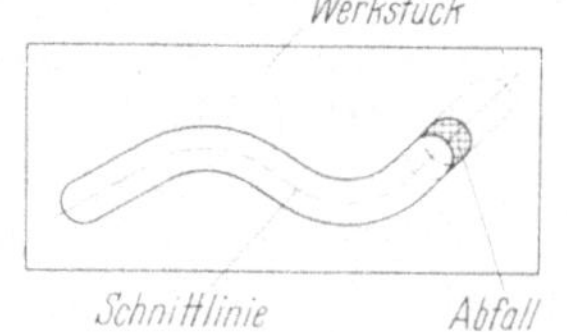

Bild 12. Knabberschneiden
(DIN 8588).

5. Anzahl der Hübe zur Erzeugung des Werkstückes: *Gesamtschneiden* ist
Schneiden mehrerer Schnittlinien am gleichen Werkstück in *einem* Hub.

Folgeschneiden ist Schneiden mehrerer Schnittlinien am gleichen Werkstück in
mehreren Hüben.

I. Grundlagen des Zerteilens von Blechwerkstoffen[1]

A. Vorgang des Scherschneidens

Zum Zerteilen von Blechwerkstoffen für die Zwecke der Stanzereitechnik wählt man das Scherschneiden, weil dabei eine Schubbeanspruchung wirksam ist, durch die das Blech mit einer praktisch ausreichenden Genauigkeit in einer vorher festzulegenden Bruchfläche getrennt wird. Die Erzeugung der Schubspannungen beim Scherschneiden von Blech, das ja elastisch und auch immer etwas ungleichmäßig ist, erfordert Kräfte, die nur durch die Druckbeanspruchung je einer Fläche von gewisser Breite für Kraft und Gegenkraft neben der Trennstelle auf das Blech übertragen werden können. Der Schneidvorgang wird sich also dem reinen Scheren nur in dem Maße nähern, wie der zu zerteilende Blechwerkstoff gleichmäßig und unelastisch ist und wie es gelingt, die auf das Werkstück ausgeübten Druckkräfte in die zum Trennen erforderliche Schubspannung umzusetzen. Diesem letzten Zweck dienen die Schneiden. Dabei ergibt sich an der Trennstelle auch eine zusätzliche Biegebeanspruchung, weil Kräfte nur durch Flächen übertragen werden können.

1. **Die einfache Schneide.** Beim Eintreiben einer Schneide in einen Stoff muß der Stoffwiderstand durch die Kraft R überwunden werden (Bild 13). R zerlegt sich in die zwei Teilkräfte P_1 und P_2 rechtwinklig zu den Druckflächen des Schneidkeils und jede dieser Kräfte bei ihrer Wirkung auf den Werkstoff wieder in je eine senkrechte und waagerechte Teilkraft. Die beiden senkrechten Teilkräfte P_{1s} und P_{2s}

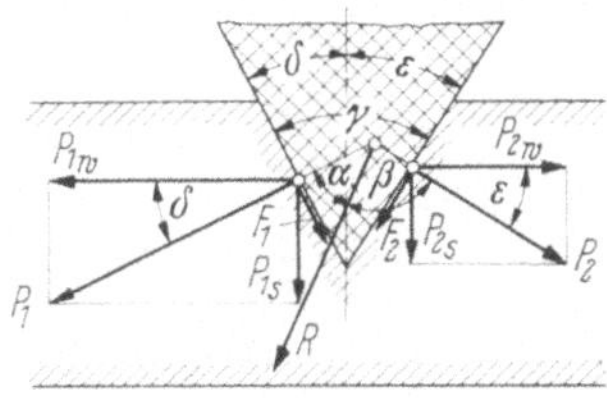

Bild 13. Kräfte an einer Schneide.

R		
	$P_1 = R\dfrac{\sin \beta}{\sin \gamma}$	$P_{1w} = P_1 \cdot \cos \delta$ $P_{1s} = P_1 \cdot \sin \delta$ $F_1 \;\;= P_1 \cdot \mu_1$
	$P_2 = R\dfrac{\sin \alpha}{\sin \gamma}$	$F_2 \;\;= P_2 \cdot \mu_2$ $P_{2w} = P_2 \cdot \cos \varepsilon$ $P_{2s} = P_2 \cdot \sin \varepsilon$

pressen die Schneide in den Werkstoff, die beiden waagerechten Teilkräfte P_{1w} und P_{2w} schieben den verdrängten Werkstoff dahin, wo er den geringsten Widerstand findet. Wird ein seitliches Ausweichen durch den umgebenden Stoff verhindert, so bleibt dem Werkstoff an der Schneide nur *eine* freie Bewegung übrig: an den Schneidflächen in die Höhe zu steigen. Es entstehen Grate (Bild 14). Ist der Stoff in sich nachgiebig, so wird er etwas mit ins Innere gezogen (Bild 15). Eine Folge der Kräfte

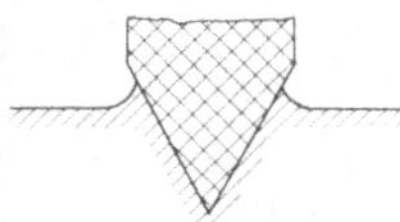

Bild 14. Gratbildung.

Bild 15. Nachgiebiger Werkstoff.

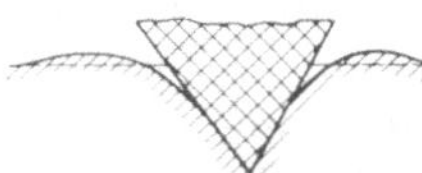

Bild 16. Reibungswirkung.

[1] Betr. zäher Stoffe wie Pappe, Filz usw. s. Abschn. 21, 22 u. 44.

P_1 und P_2 ist die an den Schneidflächen auftretende Reibung $F_1 = P_1 \cdot \mu_1$ und $F_2 = P_2 \cdot \mu_2$. Sie ist oft recht bedeutend, kann die zuvor erwähnten Erscheinungen verzögern und eine nach innen sich senkende Rundung verursachen (Bild 16).

2. Zwei Schneiden. Bringt man zwischen die Schneiden eines Schneidwerkzeuges einen Blechstreifen, so wird auf ihn durch die Berührungsflächen zwischen Schneide und Werkstoff eine Kraft P (Bild 17)[1] übertragen. Mit dem weiteren Vordringen der Schneiden wachsen diese Berührungsflächen infolge der Elastizität des Werkstoffes, und die Kräfte P rücken damit aus der Schneidebene $A-B$ heraus. Sie verursachen ein Drehmoment $P \cdot l$, unter dessen Wirkung sich der waagerecht eingebrachte Werkstoff gegen die Waagerechte neigt, in dem Maße, wie die Schneiden eindringen. Durch die Neigung wird ein weiteres Drehmoment $P_w \cdot b$ hervorgerufen. Ist $P \cdot l$ größer als $P_w \cdot b$, so werden die Schneiden auseinandergebogen, so daß sie brechen können. Dem wirkt man durch eine Kraft P^* am Hebelarm l^* mit Hilfe

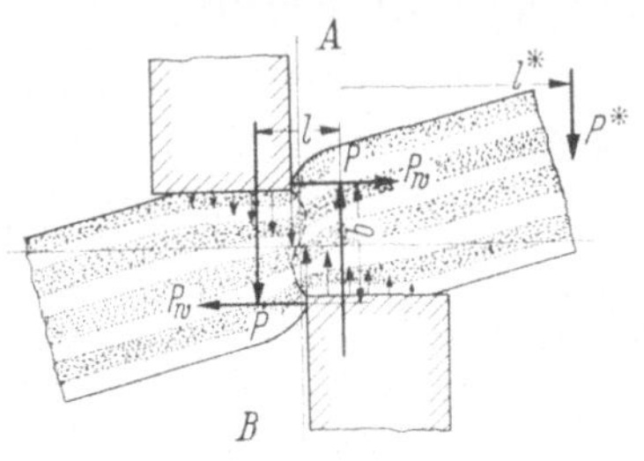

Bild 17. Kraftwirkung zweier Schneiden. $A-B$ Schneidebene.

eines *Niederhalters* entgegen. Läßt sich ein solcher nicht anbringen, so macht man sich die Wirkungsweise der Schneide mit spitzem Keilwinkel β zunutze (Bild 18). Erfahrungsgemäß wächst die zur Überwindung des Werkstoffwiderstandes notwendige Kraft P mit der Eindringtiefe der Schneiden. Die Folge davon ist, daß bei zugeschärften Schneiden die Kraftverteilung nicht gleichmäßig, sondern vor den tiefer eingedrungenen Streifen der Schneide die Kraft größer ist als vor der sich gerade in den Werkstoff einpressenden. Infolgedessen rücken bei diesen einseitig zugeschärften Schneiden ($\beta < 90°$) die Gesamtkräfte P in waagerechter Richtung einander näher als bei den Schneiden nach Bild 17 ($\beta = 90°$), l wird kürzer, das Moment $P \cdot l$ wird kleiner und gleichzeitig damit die Neigung des Werkstoffes zum Kippen.

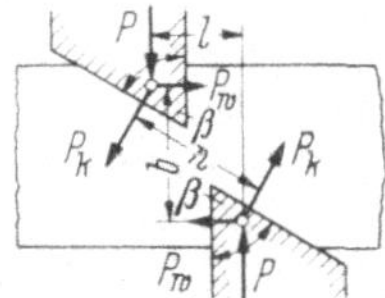

$$P \begin{cases} P_k = P : \sin \beta \\ P_w = P : \tan \beta \end{cases}$$

$$P \cdot l = P_k \cdot n - P_w \cdot b$$

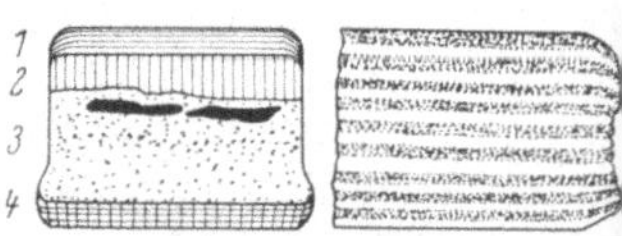

Bild 18. Kippmoment durch spitzen Keilwinkel ausgeglichen.

Bild 19. Zonen der Schnittfläche.

3. Verhalten des Werkstoffs. Betrachtet man die Schnittfläche eines Stückes Quadrateisen, so kann man an ihr vier Zonen unterscheiden (Bild 19): Zone *1* und *4* sind die Abdrücke der Schneiden. Zone *2* ist, am Glanz und an der Glätte erkenntlich, die eigentliche Scherfläche. Zone *3* ist matt und körnig, also Bruchfläche und, wie die Seitenansicht (ganz rechts) zeigt, nicht eben, sondern beinahe S-förmig. Danach würde der Schneidvorgang also folgendermaßen ablaufen: Die Schneiden pressen sich in den Werkstoff, bis die eingeleitete Kraft die Größe des Stoffwiderstandes überschreitet. Unter dem Einfluß der Schubspannung erfolgt ein Schnitt. Der Bruch ist dann eine Folge von Druckbeanspruchungen über die Quetschgrenze hinaus. Stellt man einen Versuch mit sehnigem Eisen an, so kann man beobachten (Bild 20), wie sich die Schneiden zunächst in den Stoff pressen, und wie mit dem Wachsen der

---

[1] Die Bilder 17, 20, 24, 29 sind entnommen aus C. CODRON: Expériences sur le travail des machines-outils.

Berührungsflächen das Eisen sich zwischen den Schneiden schräg stellt, wie bei weiterer Steigerung der Kräfte P (Bild 17) die äußeren Fasern in Bild 20 zerschnitten werden, wie dann mehr oder minder plötzlich durch einen Bruch längs einer geschwungenen Linie unter Abnahme der Kräfte die Trennung erfolgt. Legt man in entsprechenden Punkten der Schnittfläche in Bild 20 Tangenten an die Verbiegung der Fasern, so zeigt sich, daß diese von der Mitte nach den Rändern zu

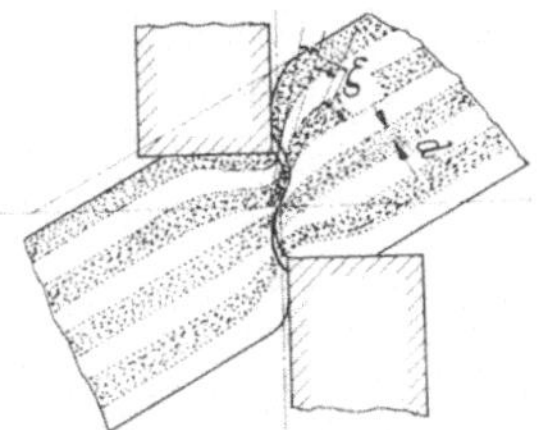

Bild 20. Verhalten sehnigen Eisens.

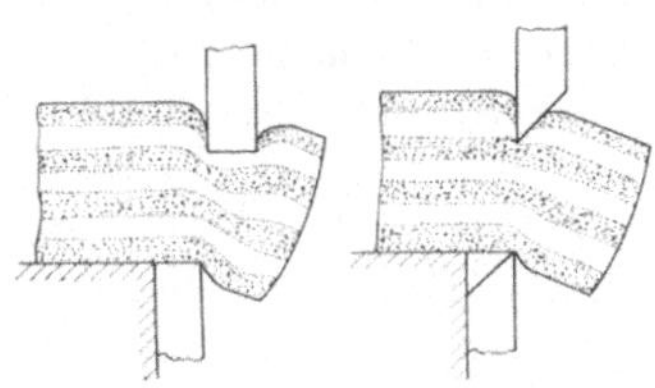

Bild 21. Einfluß des Niederhalters auf die Formänderung.
(Vgl. Abschn. 43, S. 44.)

steiler werden, d. h., die Formänderung und damit die Beanspruchung ist in der Mitte nicht so groß wie am Rande. Von einer gleichmäßigen Spannungsverteilung über die Schnittfläche kann also keine Rede sein. Bei Verwendung einer Niederhaltevorrichtung sind die Formänderungen, die die beiden Schneiden hervorrufen, in bezug auf eine Mittellinie nicht mehr symmetrisch, sondern verlaufen etwa nach Bild 21). Die merklichen Verquetschungen und Verkrümmungen nicht nur am Hauptkörper, sondern auch an den abgeschnittenen Stücken sind zu beachten, auch wenn sie bei einer im Verhältnis zur Stärke größeren Breite des abgeschnittenen Streifens nicht so sehr ins Gewicht fallen, weil sich die Bewegungen in diesem Falle über eine größere Stofflänge verteilen und dabei entweder durch die Elastizität des Stoffes ausgeglichen oder namentlich bei dünnen Blechen durch die herrschende hohe Reibung an Ober- und Unterfläche des Bleches überhaupt verhindert werden. Doch zeigen diese Verquetschungen und Verkrümmungen, daß die Kraftwirkungen der Schneiden sich nicht auf die Schnittfläche beschränken, sondern auch den umgebenden Werkstoff in Mitleidenschaft ziehen. Hieraus ist zu schließen, daß ein Fließen des Werkstoffes den Trennungsvorgang begleitet. Dies Fließen ist in beiden Ebenen senkrecht zu den Schneiden, also in der Oberfläche (Bild 20) und in der Schnittfläche (Bild 22) des Bleches zu erkennen.

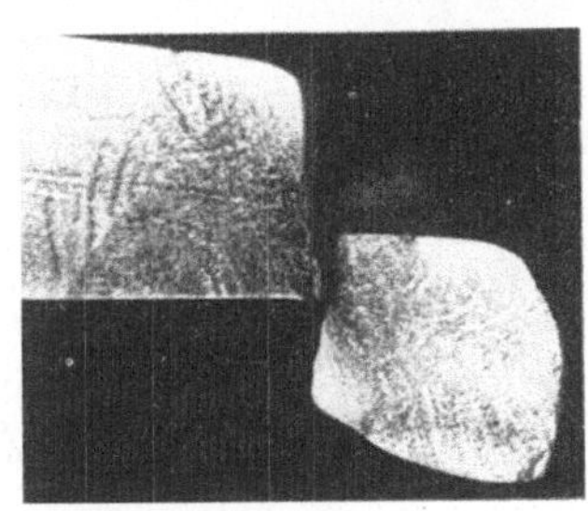

Bild 22. Fließfiguren im Blech.

Weiter zeigt Bild 21 deutlich die Abbiegung an, der der Stoff beim Abschneiden unterworfen ist. Das eigentliche Problem des Schneidvorganges ist durch ein zweites überdeckt. Beim Abschneiden verhält sich der durch die Niederhaltevorrichtung festgehaltene Stoff wie ein einseitig eingespannter Stab, der dicht an der Einspannstelle durch eine Kraft belastet ist. Abbiegungen ähnlicher Art treten auch zutage, wenn die Schnittform ein in sich geschlossener Linienzug ist. Den Stoff kann man dann als eine mehr oder minder frei aufliegende Platte ansprechen, die nahe der Auflagelinie eine Belastung erfährt. Durch einen einfachen Versuch kann man sich die Vorstellung erleichtern: Ein leicht eingefärbter Kautschukstempel ergibt einen über seine ganze Fläche gleichmäßigen Abdruck. Ein ebenso behandelter Messingstempel dagegen färbt bei gleicher Anpressung nur an seinem Umfange ab. Daraus geht hervor, daß unter der Randbelastung das Werkstück sich wölbt, von der Stempelmitte weg. Beim Kautschukstempel stauchen sich nun aber von einer bestimmten Anpressung an die Außenkanten des Stempels, so daß die Stempelfläche sich also der Wölbung des zu bedruckenden Stoffes anpaßt. Der Vergleich lehrt, daß die Elastizität bzw. die Härte der Schneiden nicht ohne Einfluß auf den Schneidvorgang ist.

4. **Kreuzend-Schneiden**[1] (alte Bezeichnung: mit Scherschräge). Die Neigung φ der Messer (Bild 23) dient dem Zweck, einen namentlich bei längeren Schnitten erwünschten Kraftausgleich herbeizuführen. Bild 24 zeigt den Kraftverbrauch paralleler und gekreuzter Schneiden in der Kraftlinie A gegenüber B.

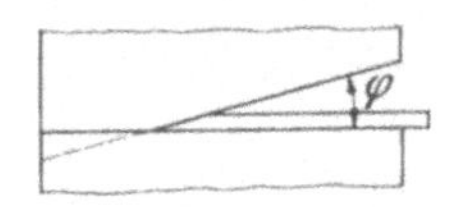

Bild 23. Kreuzend-Schneiden.
(Vgl. Bild 1).

Beim „Vollkantig-Schneiden" (Bild 1) wird der ganze, meistens rechteckige Querschnitt zugleich geschnitten. Die dazu gehörende Kraft (vgl. Abschn. 36) hängt vom Querschnitt und von der Festigkeit des Werkstoffes (Tab. 6, S. 40) ab. Da beim „Kreuzend-Schneiden" die Schneiden zueinander geneigt sind (Bilder 23 u. 25) und dadurch nur Teilquerschnitte jeweils unter Trennspannung kommen, werden die Schneidkräfte wesentlich kleiner (Bilder 24 u. 29). Unabhängig von der Bewegungsrichtung $\mathfrak{B}$ des Obermessers (Bild 25) stehen die Kräfte P_o und P_u, mit denen die Messer in den Werkstoff eindringen, stets senkrecht zu den Schneidkanten. Man kann sich vorstellen, daß jede der beiden Kräfte P_o und P_u auf der *gegenüberliegenden* Schneidkante das Werkstück aus der Scherenöffnung hinauszuschieben bestrebt ist. Zugleich wird dabei aber auf den Flächen der Schneiden durch dieselben Kräfte eine Reibung hervorgerufen, die dem Hinausschieben ent-

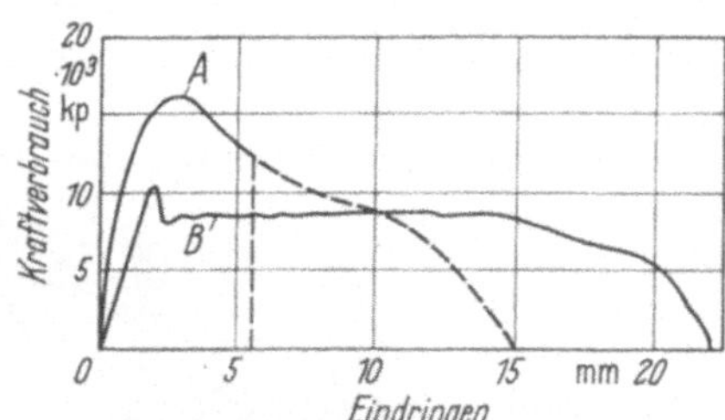

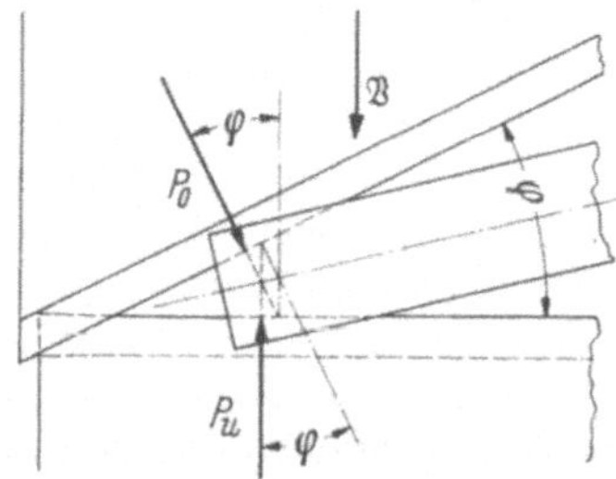

Bild 24. Kraftbedarf beim Schneiden von Stahl 45 × 15 mm.
Linie A: Parallele Schneiden $\beta = 85°$, $\varphi = 0°$.
Linie B: Gekreuzte Schneiden $\beta = 80°$, $\varphi = 10°$.

Bild 25. Scherkräfte und Neigungswinkel –
beim Kreuzend-Schneiden.
φ Neigungswinkel.

gegenwirkt. Folglich wird das Werkstück nicht verdrängt, wenn *Selbsthemmung* eintritt, d.h. wenn der Winkel φ, um den die beiden Kräfte gegen die auf der Gleitfläche zu errichtende Senkrechte geneigt sind, kleiner ist als der Reibungswinkel, also wenn $\tan \varphi$ kleiner ist als der Haftwert μ_0 für Stahl auf Stahl, trocken, der im Mittel $= 0{,}21$ ist. Demnach sollte φ nicht größer gewählt werden als 12°, was auch den Erfahrungen der Praxis entspricht, sofern nicht das Werkstück gegen Verschieben festgespannt wird und die Werkzeugführung sehr starr ist.

5. **Verhalten des Werkstoffs beim Kreuzend-Schneiden.** Die technische Unmöglichkeit, die Kräfte P genau in der Schneidebene angreifen zu lassen, verursacht bei parallelen Schneiden ($\varphi = 0$) mit spitzem Keilwinkel β das Auftreten des Biegungsmoments $P \cdot l$ (Bild 18). Auf dieses Moment war die Biegung des Werkstoffes aus der Waagerechten um die Schnittlinie (Trennlinie), wie die Bilder 20 und 21 zeigen, zu-

---

[1] Siehe auch Abschnitt 45.

rückzuführen. Da die Schneide in Bild 26 schräg liegt, wirkt sich hier die Abbiegung in der waagerechten *und* senkrechten Ebene aus und zwar vollzieht sich unter dem Einfluß von P_1 die Biegung in der Senkrechten (Bild 27), von P_2 in der Waagerechten. P_3 versucht den Werkstoff vor der Schneide wegzuschieben. Nach der Abtrennung wird weiter Kraft auf den Werkstoff übertragen, was zu einer weiteren Abbiegung nach Bild 28 führt. Je schmaler der abgeschnittene Streifen ist, um so deutlicher vermögen sich diese Erscheinungen bemerkbar zu machen. Bei ganz schmalen Streifen gleicht der Abschnitt einem Span. In dem Maße, wie der Winkel φ der Messerneigung wächst, verringert sich die Größe der Scherkraft (Bild 29).

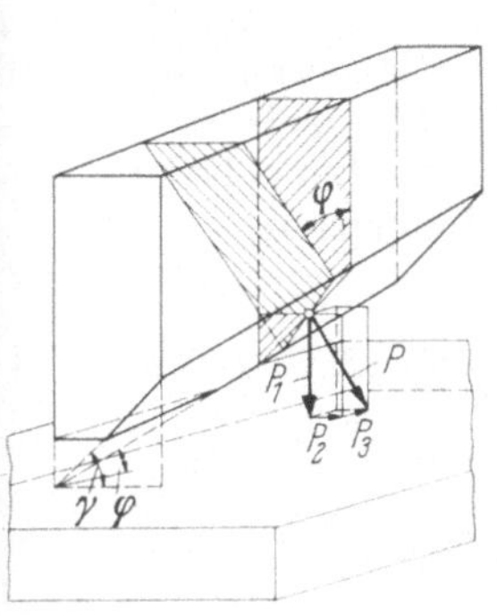

Bild 26. Kräfte an geneigt stehenden Messern.

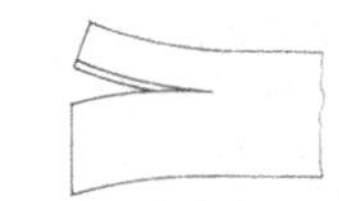

Bild 27. Abbiegung des Bleches beim Anschneiden.

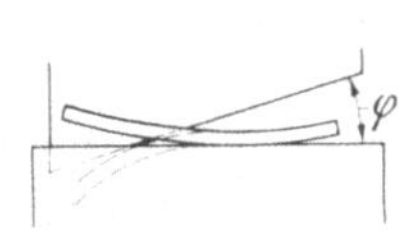

Bild 28. Weitere Abbiegung beim Schneiden.

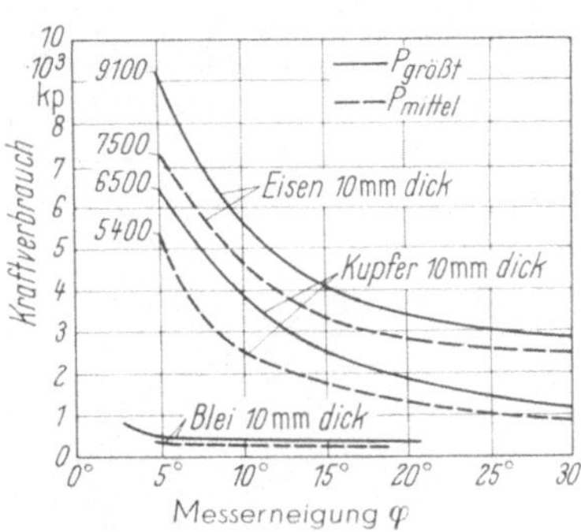

Bild 29. Einfluß der Messerneigung auf den Kraftverbrauch.

6. Lochen. Grundsätzlich ist das „Lochen im engeren Sinne" auch ein Schneidvorgang, dem eine besondere Betrachtung nur dann zukommt, wenn der Stempeldurchmesser im Vergleich zur *Werkstoffdicke* so klein ist, daß sich die Wirkungen der an den Schneiden angreifenden Kräfte nach einem durch die Kreisform des Ausschnittes bedingten Gesetz gegenseitig beeinflussen. Der Abfall beim Lochen,

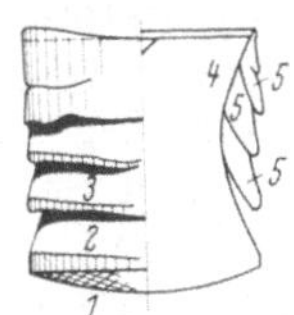

Bild 30. Putzen.

das bekannte Bild eines Putzens, Bild 30, läßt deutlich die Einzelvorgänge beim Schneiden erkennen: Zunächst verbiegt sich der Werkstoff unter der Schneidkraft (*1*) wie eine frei aufliegende Platte. Die Druckkräfte überschreiten eher die Quetschgrenze, als die im Werkstoff erzeugte Schubspannung seinen Widerstand überwindet. Infolgedessen bildet sich vor dem Stempel ein Fließkegel aus (*4*), der den umgebenden Werkstoff zur Seite preßt. Wegen seiner Ein-

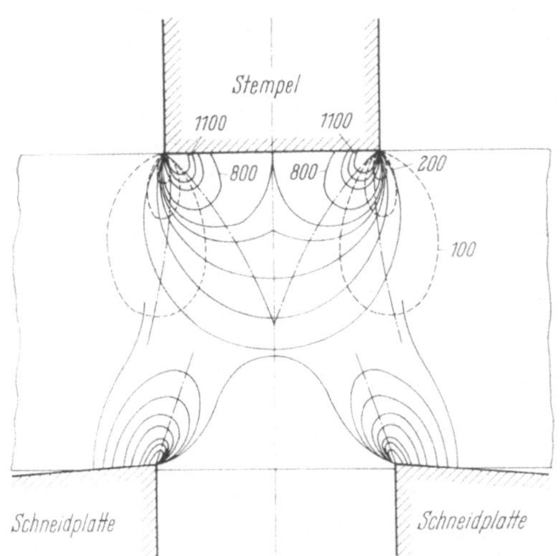

Bild 31. Spannungsverteilung im Werkstoff beim Lochen.
————— Druckspannungen ⎱ eingeschriebene Zahlen
- - - - - - - Schubspannungen ⎰ = Größe der Spannung,
—·—·—·— Linie der größten Druckspannungen,
—··—··— Linie der größten Schubspannungen.

schnürung in der Mitte kann der Putzen nicht herausfallen, der Stempel muß wie
ein Stoßstahl den umgebenden Werkstoff (5) wegräumen. Der Bruch beginnt vor der
Schneidplatte (3) nach kurzem Einschneiden derselben in den Werkstoff (2). BACH
ist diesen Erscheinungen mit Versuch und Rechnung nachgegangen[1] und fand für
Weicheisen die in Bild 31 dargestellte Spannungsverteilung im Werkstoff. Die
Schubspannungen verlaufen sich schnell. Nur unmittelbar vor der Stempelschneide
herrschen Spannungen, die die Werkstoffestigkeit übertreffen. Die Druckspannungen machen sich hingegen weit bis in den Werkstoff hinein bemerkbar. Die
Bestätigung hierfür geben die Bilder 32 und 33, aus denen einmal die Gefügeänderung des Werkstoffes hervorgeht (Ätzung auf Rekristallisation), außerdem der
Kraftlinienverlauf (Ätzung auf Kraftwirkungslinien). Es ist bemerkenswert, daß
ein Teil der Belastung von dem Verhältnis der Härte des Stempels zu der des
Werkstoffes abhängig ist; denn sie wird durch Stauchung der Stempelkanten bedingt, d. h., der Stempel paßt sich an die Verbiegung des Putzens an.

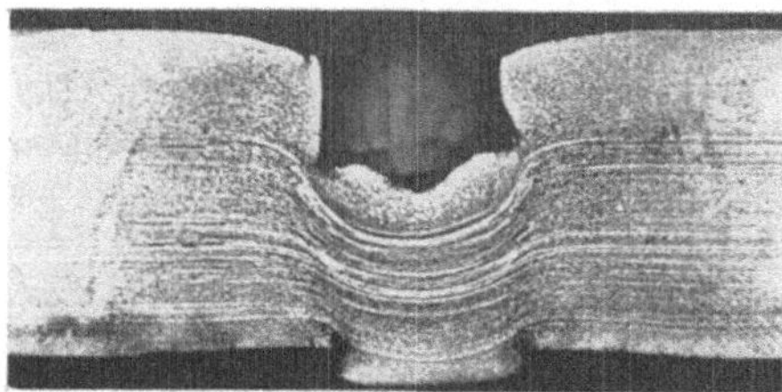

Bild 32. Form- und Gefügeänderung beim Lochen.

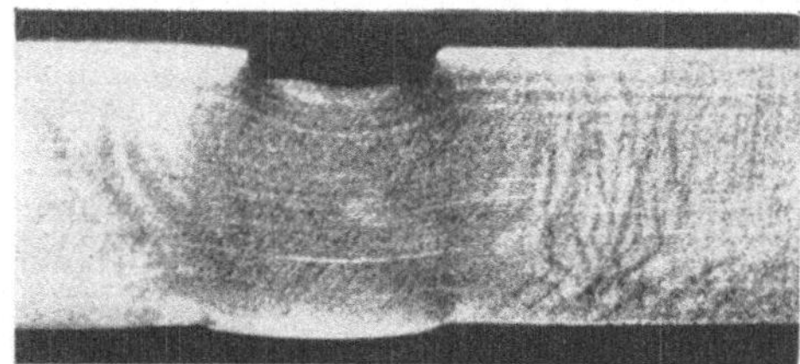

Bild 33. Spannungen beim Lochen, sichtbar gemacht durch Ätzen.

7. Gegenseitige Beeinflussung von Schneidwirkungen. Beim Lochen ist die
gegenseitige Beeinflussung der Schneidwirkung in jedem Punkte der Schneide
gleich. Bei unter einem spitzen Winkel sich treffenden Schneiden, einspringend oder
vorspringend, nimmt die gegenseitige Beeinflussung vom Scheitelpunkt des Win-
kels aus ab, bis sie schließlich ganz aufhört (Bild 34). Besonders kritisch werden die
Verhältnisse auf der Innenseite des Scheitels: An dieser Spitze vergrößert sich das
Spiel zwischen den Schneiden plötzlich, ganz abgesehen von den Schwierigkeiten
der sauberen Schneidenherstellung an diesen Punkten. Dadurch erhält der fließende
Stoff große Bewegungsfreiheit, bildet Grat, verliert jeden Widerstand gegen die
übrigen formändernden Bewegungen, verliert das Federungsvermögen. Der Erfolg
ist, daß die Spitze meistens vollständig verformt ist. Die hierbei auftretenden Rei-
bungskräfte verschleißen die Spitze der Schneide stark. – Auch parallel verlaufende
Schneidkanten können sich gegenseitig beeinflussen, wenn sie eng aneinanderrücken.
Solange der Streifen dabei nicht seinen Zusammenhang überhaupt verliert, ergeben
sich zwei Verformungsbilder, wie das Beispiel des Streifenschneidens in Rollen-
scheren (Bild 35) am besten zeigt. Auch hier verstärken die gegeneinander gerich-
teten Kräfte das Fließen und die damit zusammenhängende Erscheinung des Zer-
quetschens (s. auch Abschn. 29).

8. Schneiden mit Rollmessern. a) Geradlinig. Bild 36 läßt beim Schneiden
mit scheibenförmigen Messern Besonderheiten erwarten. Für den Trennvorgang ist
das schraffierte Scherdreieck (Bild 36a) bezeichnend. Sind die Messer genau gleich
groß und stehen die Messermittelpunkte genau übereinander, so ist die Verformung
am beschnittenen und am abgeschnittenen Streifen gleich. Der Neigungswinkel wird

---

[1] Bild 31 aus E. L .BACH: Dr.-Ing.-Dissertation. Karlsruhe 1923.

zwar in jedem Punkte des Messerumfanges nach dem Berührungspunkte zu kleiner und schließlich Null, ist aber am Ober- und Untermesser gleich groß und entgegengesetzt gerichtet. Durch dieses „Gegeneinanderarbeiten" zweier Schneidenkreuzungen ist der Gesamtwinkel φ der Schneidenkreuzung groß. Durch das damit zusammenhängende Auseinanderbiegen der Streifen findet beim Schneiden stellenweise ein Reißen statt (Schnittflächensauberkeit!).

In dem Augenblick, in dem das eine der entstehenden Stücke Abfall ist, braucht man nicht mehr auf gleichmäßige Verformung der beiden Teile zu achten, sondern verlegt die Verformung auf den Abfall dadurch, daß man diesen vor den größeren Scherwinkel schiebt. Dies kann geschehen:

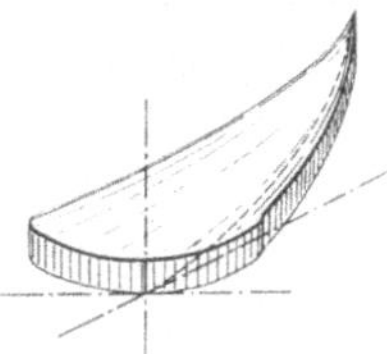

Bild 34. Schneidergebnis, wenn zwei Schneiden unter spitzem Winkel zueinander stehen.

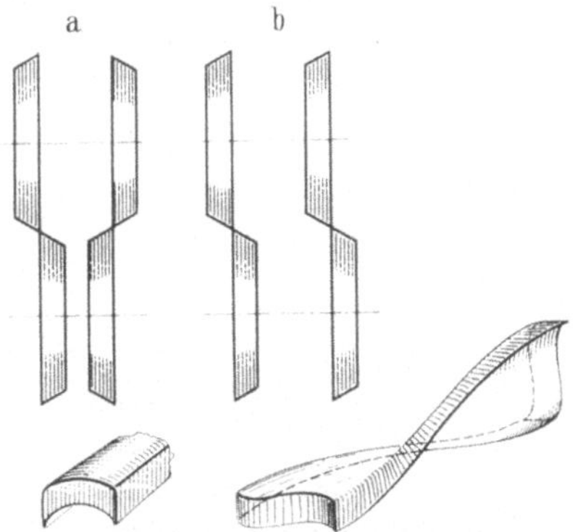

Bild 35 a u. b. Verformung bei parallelen Rollmessern.

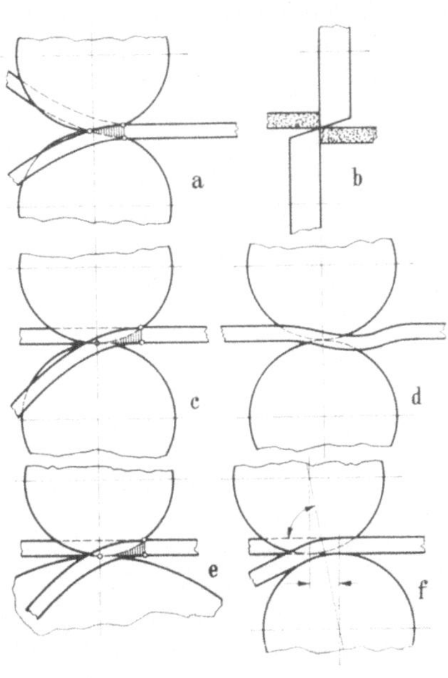

Bild 36 a–f. Blech vor den Rollmessern.

1. durch Höherlegen der Blechstützungsebene, so daß das Untermesser gewissermaßen nur Stützrolle und Gegenlager wird (Bild 36 c). Nachteilig ist hierbei, daß die größte Kraftwirkung vor den eigentlichen Stützpunkt fällt (Bild 36 d).

2. Durch Vergrößerung des Untermesserdurchmessers kann man dieser Durchfederung entgegenwirken bzw. die Stützung verbessern (Bild 36 e).

3. Unmittelbar unterstützen kann man den Punkt mit der größten Krafteinwirkung aber nur, wenn man den Einschiebewinkel des Bleches gegen die Verbindungslinie der Messermittelpunkte an der zu stützenden Seite kleiner als 90° macht (Bild 36 f).

b) Zum Rundschneiden genügt es, die Schere mit einem Bügel auszustatten, der das Blech in seinem zukünftigen Mittelpunkt drehbar festhält. Mit abnehmender Durchmessergröße des Rundschnittes wird diese Art ungenau, wie die schematische Darstellung in Bild 37 zeigt. Die Messer dringen bei dem Punkte Z bereits in den Werkstoff ein und sind nunmehr bestrebt, diesen geradlinig von Z nach O zu führen. Da aber der Punkt Z auf dem Kreisbogen mit dem Radius r_1 liegt, O auf einem solchen mit r_2 als Halbmesser, so widersetzt sich die zwangsläufige Führung des Werkstoffes im Punkte M einer solchen Bewegung. Hätte die Führung im Punkte M kein Spiel und wäre der Werkstoff nicht elastisch, so wäre eine unsaubere Schnittfläche die Folge. Da beides wohl kaum vorkommt, wird also die Schneidkurve zwischen den durch die Radien r_1 und r_2 bestimmten Kreisbögen hin und her pendeln und an solchen Stellen, wo unter den Messern eine radiale Bewegung des Werkstoffes stattfand, die Schnittfläche ungenau werden: der Werkstoff wird gedehnt und aufgebogen. Auf die Beeinflussung des Schneidenzustandes durch solche Vorgänge (Stumpfwerden, Brechen) soll hier nicht eingegangen werden. Abhilfe ist dadurch zu schaffen, daß man den Drehpunkt M während des Schneidens zwischen M_1 und M_2 pendeln läßt, so daß also die Werkstoffachse b_1-b_1 im Abschnitt ZO parallel zur Maschinenachse $a-a$ verläuft. Die Länge der Strecke ZO ist

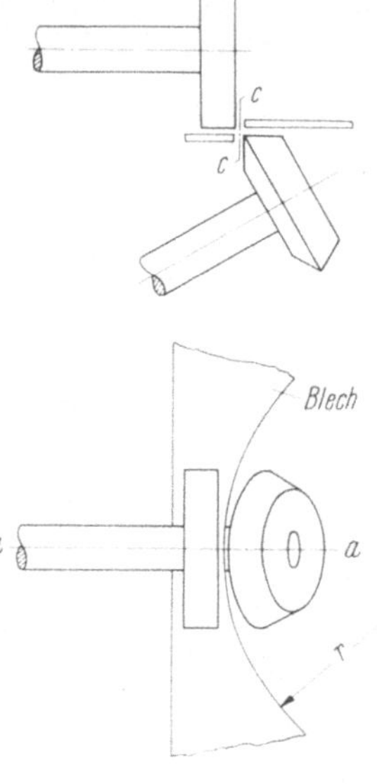

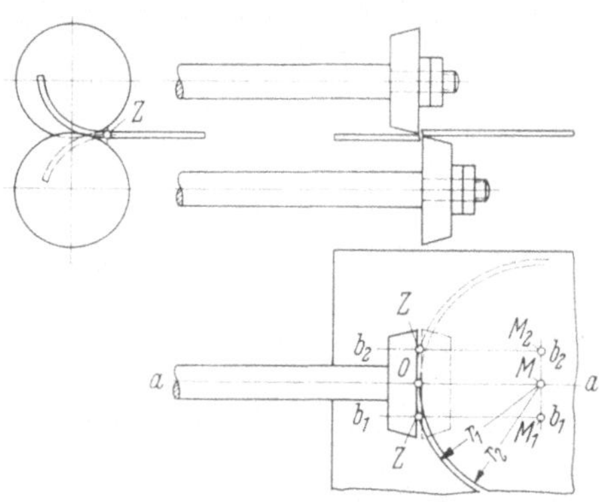

Bild 37. Kurvenschneiden mit kreisförmigen Messern. Bei Z stößt das Blech an die Messer, die erst bei O schneiden. Blech pendelt zwischen den Messern um den Betrag $r_1 - r_2$.

Bild 38. Geänderte Messerstellung zwecks Verkleinerung der Strecke ZO (Bild 37). $c-c$ Schneidebene.

abhängig von Werkstoffdicke, Messerdurchmesser (ein bestimmter Radius darf nicht unterschritten werden, damit sich beim Einführen des Werkstoffes keine Schwierigkeiten ergeben) und Entfernung der Messer voneinander. Ihr Einfluß wird um so stärker fühlbar sein, je schärfer die Kurve ist. Es ist leicht einzusehen, daß, je kleiner die Strecke ZO ausfällt, um so geringer die sich ergebenden Schwierigkeiten werden. Durch Änderung der Messerstellung kann man bis zu einem gewissen Grade diesem Ziele näherkommen. In Bild 38 ist das untere Messer unter einem Winkel gegen das obere geführt und das Messer in seinem Profil so umgestaltet, daß die Schneidwinkel in der Achse $a-a$ die gleichen geblieben sind. Durch dies Herausklappen des Untermessers aus der Schneidebene $c-c$ wird erreicht, daß die beiden Messer nur auf eine beschränkte Breite in Schneidnähe aneinanderkommen, die Strecke ZO sich also verkleinert. Dasselbe gilt natürlich für alle Kurven, die ähnlich wie der bisher besprochene Kreisbogen verlaufen. Bei entgegengesetzten Krümmungen dagegen, d.h. bei solchen, bei denen der Punkt M bzw. M_1 oder M_2 nicht mehr außerhalb des Scherenkörpers liegt, sondern auf die Maschinenseite der Messer rückt, ergeben sich wieder Schwierigkeiten. In diesem Falle erhält auch das Obermesser eine Neigung (Bild 39).

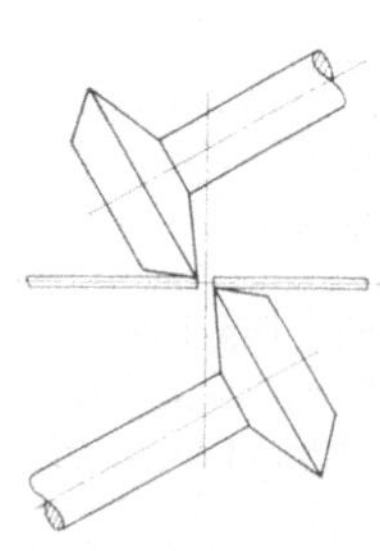

Bild 39. Rollmesserform für ein- und ausgebogene Kurven.

B. Reibung beim Schneiden

9. Ursache der Reibung. Wo Bewegungen unter einer Kraftwirkung ausgeführt werden, tritt auch Reibung auf, die in ihrer Größe abhängig ist von der Kraft senkrecht zum Weg und von der Reibungszahl. Die Reibungsarbeit steigt außerdem mit der Länge des Weges.

a) Zwischen Stempel und Schneidplatte bewegen sich die *Schneidkanten gegenüber dem Werkstoff* so lange, bis sie eingeschnitten haben. Diese Bewegung ist um so größer, je größer das Federungsvermögen des Werkstoffes und die Dicke des Bleches ist. Der Oberflächenzustand des Bleches (Verzunderung) entscheidet über die Höhe der Reibungszahl.

b) Der *Stempel* reibt an dem stehenbleibenden Werkstoff und der ausgestoßene *Putzen* an der Schneidplatte. Die Reibung am Stempel geht hauptsächlich auf die Elastizität des Werkstoffes zurück; denn vor dem Stempel wird der Werkstoff zusammengedrückt und gedehnt. Die Schichten, die der Stempel schon durchschnitten hat, ziehen sich wieder zusammen und umklammern den Stempel (Bild 40). In der Schneidplatte bilden sich die Kragen, (Bild 30) Zone *5*, die durch sie hindurchgequetscht werden und dabei Reibung erzeugen.

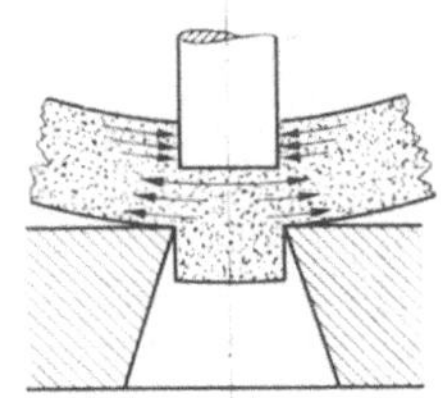

Bild 40. Elastisches Festhalten des Werkstoffes am Stempel.

Die Reibung ist vielfach so groß, daß der Werkstoff am Stempel und im Schneidplattendurchbruch aufbaut, also *Kaltschweißung* auftritt. Die Folgen sind geringe Standmenge, Stempel- und Schneidplattenbruch und unsaubere Werkstücke. Die Fertigungssicherheit wird dadurch gefährdet. Es stehen aber heute Mittel zur Verfügung, diese Folge der Reibung zu verhindern. Als Werkstoff für Stempel ist besonders der SS-Stahl der Klasse D mit nitrierter Oberfläche ziemlich kaltschweißfest, ebenso wie Hartmetall der Sorte G 3 oder G 4. Als kaltschweißfest sind auch Stempel anzusehen, deren Oberfläche mit Titankarbid behandelt ist. Außerdem kann der im Schneidwerkzeugbau übliche 12 %ige Chromstahl durch eine hauchdünn aufgebrachte Hartchromschicht verbessert werden. Schmiermittel sind in dieser Hinsicht nur dann wirksam, wenn sie unter den hier herrschenden hohen Kräften nicht weggequetscht werden. Alle Öle, deren Wirkstoff chemisch ungebundener Schwefel in kolloidaler Verteilung frei schwebend ist, haben Aussicht, sich zu bewähren. (Erfahrungen aus der Praxis von M. Strauber, Hildesheim.)

c) Die Reibung zwischen den *Werkstoffteilen an der Schnittfläche* erklärt sich aus der durch Bruch erzeugten Form dieser Fläche und ihrer Rauhigkeit, wozu kommt, daß sie nicht mit der idealen Schneidebene zusammenfällt, sondern gegen diese geneigt ist. Je größer der Bruchanteil der Schnittfläche, je stärker die Neigung der Bruchfläche gegen die ideale Schneidebene ist, desto größer die Reibung. Sie wächst also mit wachsender Dicke und wachsender Bruchneigung des Werkstoffes.

d) Auch *innerhalb des Bleches* äußert sich die Reibung beim Fließen. Je dicker das Blech, je ausgesprochener die Neigung zum Fließen, je höher der Druck, unter dem es erfolgt, desto größer ist diese Reibungsart. Auch ist eine gewisse Abhängigkeit von der Geschwindigkeit festzustellen. – Bei dünnen Blechen ist der innere Widerstand zuweilen so groß, daß keine Reibungsarbeit geleistet wird, weil keine Bewegung entstehen kann.

10. Zuschärfen der Schneiden. Je kleiner die ins Fließen gebrachte Menge Werkstoffteile ist, desto geringer ist auch die Reibarbeit. Dies kann durch Zuschärfen der Schneiden geschehen. Gleichzeitig wird damit die Berührungsfläche zwischen den Schneidflächen und dem Blech in der Zone der elastischen Formänderung kleiner und damit auch die hier entstehende Reibungsarbeit (s. Bild 21 rechts).

11. Bedeutung des Freiwinkels. Weiter ist der Reibungsweg in der Zone des Fließens und Schneidens durch Anschleifen eines Freiwinkels α an der Schneide zu beeinflussen (Bilder 41 u. 82). Die auftretende Reibungsarbeit ist abhängig vom Querschnitt des vorübergehend zusammengepreßten Werkstoffstreifens, dessen Tiefe a und dessen Länge l ist. a ist wiederum abhängig von der Elastizität des jeweils zu verarbeitenden Werkstoffes, l von der Größe des Freiwinkels α. Um nicht die ohnehin schon stark beanspruchte Schneide unnötig zu schwächen, wählt man α nur bei besonderen Verhältnissen, wo besonders große Reibungen zu erwarten sind, > 0, und zwar zu ungefähr 4···6°.

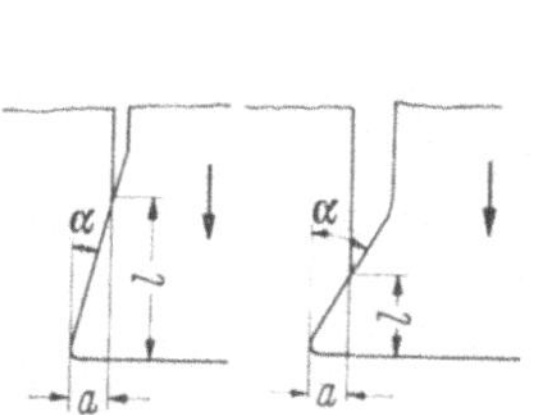

Bild 41. Einfluß des Freiwinkels auf die Reibungsarbeit.

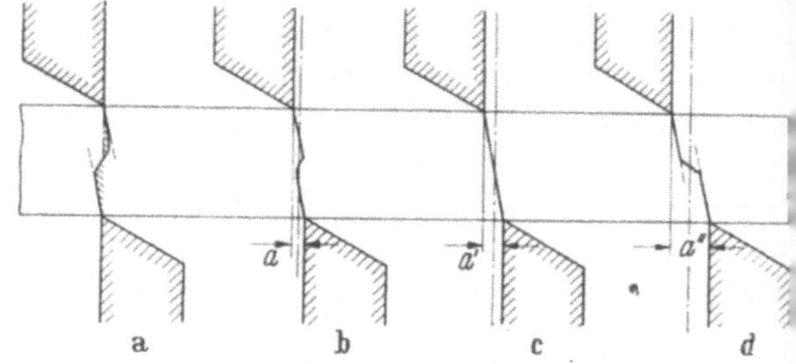

Bild 42 a–d.
Schnittfläche in Abhängigkeit vom Schneidspalt a, a', a''.

12. Bedeutung des Schneidspaltes. Der dritte Weg zur Verkleinerung der Reibungsarbeit ist die Herabsetzung der Reibungszahl. Über die Größe ihrer Werte gibt die Tatsache ein Bild, daß die ausgeschnittenen Stücke so fest anhängen können, daß man sie durch Vorrichtungen vom Werkzeugoberteil abstreifen (Abstreifer) bzw. aus dem Werkzeugunterteil auswerfen (Auswerfer) lassen muß. Die Trennung beginnt an den Schneiden unter dem Einfluß der größten Schubspannungen. Die schließlich durch diese hervorgerufene Schnittfläche ist gegen die theoretische Schneidebene geneigt (bei weichem Eisen in der Nähe der Schneiden um etwa 7°). Im weiteren Verlauf vollendet ein Bruch zwischen den beiden parallel verlaufenden Anrissen die Trennung (Bild 42a). Die schraffierten Flächen verhindern ein Herunterfallen des ausgeschnittenen Stückes. Räumarbeit des Werkzeuges und Reibungsarbeit zwischen Werkstück und Abfall müssen erst die Trennfläche glätten. Die Unebenheit fällt um so größer aus, je dicker das Werkstück ist. Dieser Erscheinung läßt sich bis zu einem gewissen Grade einfach entgegenwirken, indem man die Schneiden mit wachsender Werkstoffdicke aus der Schneidebene herausrückt (Bild 42, b u. c). Allerdings fallen dadurch die Schnittflächen etwas schräg aus, doch ist diese Neigung gering und fällt in der Praxis kaum ins Gewicht. Als praktisch brauchbar für den Schneidspalt (a') zwischen den Schneidkanten haben sich die Werte nach Göhre in Bild 43 erwiesen [5]. Statt dieser Mittelwerte könnte man natürlich auch in Abhängigkeit von der verlangten Schnittflächengenauigkeit, ähnlich wie im Passungswesen, mehrere Tafeln mit verschiedenen Feinheitsgraden aufstellen.

Der Spalt zwischen den Schneiden spart also Kraft und Arbeit durch Herabsetzung der Reibungszahl. Das DRP 496226 [*32*] nützt die Vorteile des Spaltes für das einfache Abschneiden starken Werkstoffes aus. In Bild 44 sind die Schneidkanten so zugeschliffen, daß der größeren Werkstoffhöhe auch der größere Spalt entspricht. Es gehören also zusammen: Werkstoffhöhen f_1 und Spalt a'; f_2 und a''; f_3 und a'''.

Bei Schnitten, die eine in sich geschlossene Linie als Umrißform zeigen, ist zu beachten, daß der Stempel das *Lochungsmaß*, die Schneidplatte das *Ausschnittmaß* angibt. Zur Herstellung eines Loches von 30 mm Durchmesser muß also der Stempel 30 mm Durchmesser haben, die Schneidplatte um das aus Bild 43 ersichtliche Maß vergrößert werden. Zur Fertigung eines Plättchens von 30 mm Durchmesser muß die Schneidplatte 30 mm zeigen, der Stempel um das entsprechende Maß verkleinert werden. Zu berücksichtigen ist hierbei, daß der Stempel im Loch und das Plättchen in der Schneidplatte mit Preßsitz haften. Beim Austreten aus diesen ist

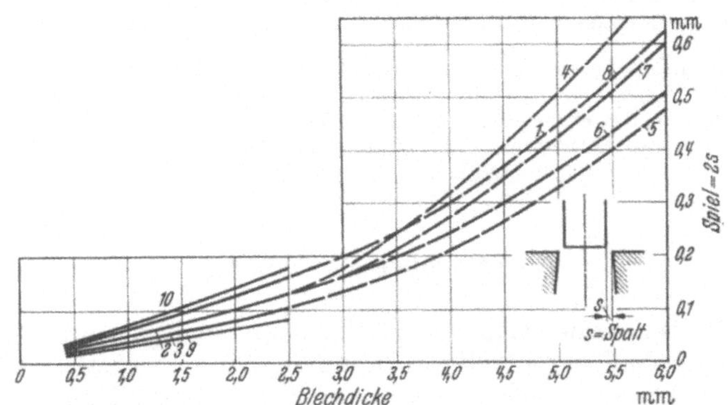

Bild 43. Abhängigkeit der Anfangsspaltbreite von der Blechdicke (nach GÖHRE [5]).
1 Stahl-, Stanz- und Tiefziehgüte; *2* Dynamoblech mit kleinerem Si-Gehalt;
3 Dynamoblech mit großem Si-Gehalt; *4* Stahlblech; *5* Messing weich;
6 Messing halbhart und hart; *7* Kupfer weich; *8* Kupfer halbhart und hart;
9 Aluminium rein; *10* Duraluminium.

ein Auffedern des Werkstoffes die Folge. Um genaue Maße zu erhalten, müssen Stempel bzw. Schneidplatten entsprechende Über- bzw. Untermaße haben.

Zwei Gesichtspunkte bestimmen die obere Grenze bei der Festlegung des Spaltes zwischen den Schneiden: Bei großem Spalt wird die Schnittfläche, besonders die Bruchfläche größer, die erzielte Krafterparnis also hinfällig (Bild 42). Zweitens versucht der Werkstoff je nach der Neigung zum Fließen, zwischen die Schneiden zu dringen und an den Trennungsflächen Bärte zu hinterlassen. Nach amerikanischen Angaben liegt für weichen Stahl der kleinste Kraftbedarf bei einem Schneidenspiel $2\,a'$ von etwa $^1/_5$ der Werkstoffdicke. Wenn eine Schrägstellung der Schnittfläche in diesem Maß nicht ins Gewicht fällt, mag man sich dieses Vorteils bedienen;

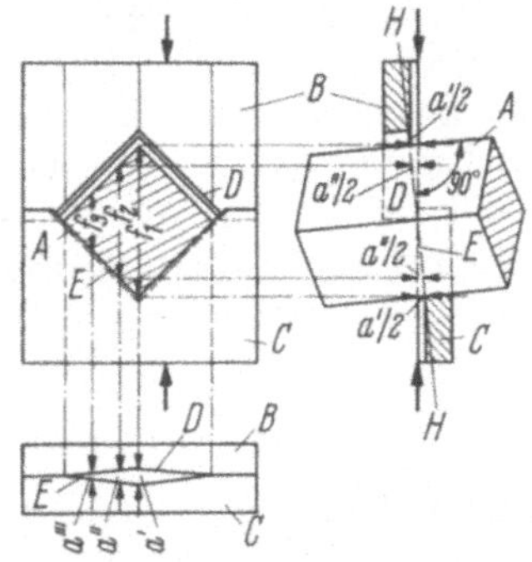

Bild 44. Verschiedene Spaltweite zwischen
den Schneiden durch Anschliff [*32*].

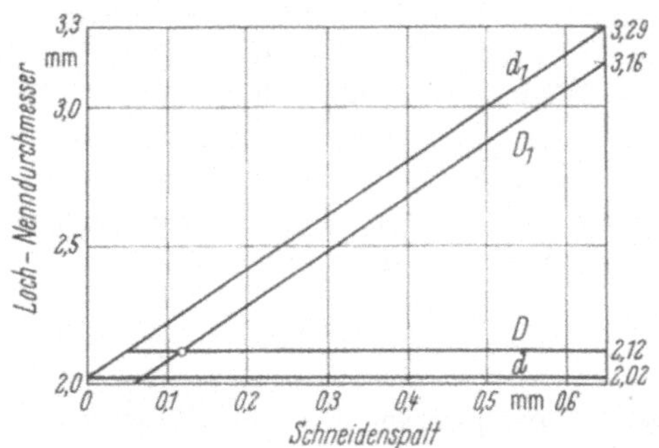

Bild 45. Löcher, die mit einem Schneidspalt hergestellt werden,
der sich aus dem Schnittpunkt der Geraden D und D_1 ergibt oder
der darunterliegt, sind weitgehend zylindrisch [*12*].

2*

für gewöhnlich geht man jedoch für a' nicht über $^1/_{12}\cdots{}^1/_{16}$ Werkstoffdicke hinaus. Der AWF [29] empfiehlt für den einfachen Freischnitt $^1/_{10}\cdots{}^1/_{20}$ der Dicke als Spalt, die niedrigen Werte für zähen, die höheren für spröderen Werkstoff (s. auch Bild 43).

13. Schneidspiel bei kleinen Stempeldurchmessern [12]. Nicht immer kann die Reibung für die Gestaltung der Schneidwerkzeuge allein maßgebend sein. Ist der Stempeldurchmesser kleiner als die Blechdicke, so wäre das notwendige Spiel nach Bild 43 im Vomhundertsatz des Stempeldurchmessers sehr groß. Je kleiner der Lochdurchmesser, desto empfindlicher wird man gegen Maßabweichungen, wie sie der Schneidspalt mit sich bringt, wenn Löcher zu erzeugen sind, die technisch ohne Nacharbeit verwertbar sein sollen.

Hier ein Versuchsergebnis nach KELLER (Bild 45 sowie Bilder 63 und 64): Material 4 mm dick, Bandstahl St 3K 60 GBK, Stempeldurchmesser $d = 2,02$ mm, Schneidspalt 0,01; 0,065; 0,18; 0,29; 0,39; 0,635 mm; das entspricht 0,25%; 1,5%; 4,5%; 7,5%; 9,5%; 16% der Blechdicke, an der Presse $n = 110$ Hübe/min, Hub 8 mm. Der günstigste Schneidspalt ergibt sich, was die Abmessungen des Loches anbetrifft, aus Bild 45 zu 0,12 mm = 3,0% der Blechdicke.

C. Schneidgeschwindigkeit

14. Hubzahl als Geschwindigkeitsmaß. Von der Schneidgeschwindigkeit hört man in der Stanzereitechnik eigentlich nur, wenn es sich um selbsttätige Vorschübe an schnellaufenden Pressen handelt, oder es wird die Anzahl Hübe je Minute angegeben. So findet man meist Angaben wie:

Hubzahl bei schweren Pressen und Scheren .... 3 bis 35 je min
Hubzahl bei mittleren Pressen mit Rädervorgelege ...... 25 bis 100 je min
Hubzahl bei leichten Pressen .... 100 bis 250 je min
oder
Schneidgeschwindigkeit bei Rollscheren für Bleche unter 1 mm Dicke bis 60 m je min
Schneidgeschwindigkeit bei Rollscheren für Bleche bis   10 mm Dicke bis 20 m je min
Schneidgeschwindigkeit bei Rollscheren für Bleche über 10 mm Dicke bis 10 m je min
oder
Schneidgeschwindigkeit bei Tafelscheren .... 1 bis 2,5 m je min.

Bei solchen Feststellungen geht man von der Erwägung des Betriebes aus: Wieviel Hübe muß eine Presse machen, wenn das Laden des Werkzeugs y Sekunden dauert, damit jeder Hub ausgenutzt werden kann. Wie wenig solche Angaben geeignet sind, als Maßstab für die Schneidgeschwindigkeit zu dienen, geht schon daraus hervor, daß bei diesen Angaben noch nicht einmal die Größe des Hubes erwähnt wird. Hubverstellung haben die meisten Pressen nur aus praktischen Gründen, weniger mit Rücksicht auf die Schneidgeschwindigkeit, wie schon daraus hervorgeht, daß Pressen mit regelbarer Drehzahl äußerst selten sind.

15. Mittlere Schneidgeschwindigkeit. Die Angabe einer absoluten Geschwindigkeit ist deswegen so schwierig, weil sich die Stößelgeschwindigkeit c mit jeder neuen Stellung des Exzenters ändert. Die rechnerische mittlere Schneidgeschwindigkeit v_m ergibt sich als Mittelwert aus der Aufprallgeschwindigkeit v_a und der Geschwindigkeit v_e, mit der der Stempel in die Schneidplatte eintritt, zu

$$v_m = \frac{v_a + v_e}{2},$$

wobei zu beachten ist, daß sich die wirkliche Schneidgeschwindigkeit gegenüber v_m verkleinert

1. durch das Auffedern des Pressenständers,
2. um den Drehzahlverlust des Schwungrades.

Das bedeutet also, daß zwei verschieden dicke Bleche, in demselben Schneidwerkzeug bearbeitet, mit verschiedenen mittleren Geschwindigkeiten geschnitten werden. Weiter verkleinert sich die mittlere Schneidgeschwindigkeit, wenn man den Stempel das Blech nicht ganz durchdringen läßt; sie vergrößert sich, wenn man den Stempel in die Schneidplatte eintreten läßt (Einrichter!). Gestaffelt angeordnete Stempel schneiden also mit verschiedenen mittleren Geschwindigkeiten.

16. Versuchsergebnisse. Unter diesen Umständen haben die bisher vorliegenden Versuche über die Schneidgeschwindigkeit beim Stanzen nicht zu einheitlichen Ergebnissen geführt. Zu erkennen ist jedoch, daß

1. die sich einstellende größte Kraft mit wachsender Geschwindigkeit infolge der Stoßwirkung zunimmt, und

2. über den zur Trennung notwendigen Arbeitsbedarf ein Gleiches nicht ohne weiteres gesagt werden kann. Entscheidend ist vielmehr, in welchem Maße bei dem jeweiligen Werkstoff die erzeugte höhere Pressung der Trennung zugute kommt. Durch Steigerung der Geschwindigkeit hervorgerufene oder verstärkte Erscheinungen wie Erschütterungen, Schwingungen, Schall usw. sind ein Zeichen dafür, daß der Mehraufwand an Kraft vom Werkstoff nicht aufgenommen, sondern an die Umgebung abgegeben wird. Bei Werkstoffen mit großer Neigung zum Fließen wird ein Teil der Kraft dazu verwandt, die für die Bewegung der Massenteilchen notwendige größere Beschleunigung zu erzeugen. Bei abnehmender Neigung zum Fließen wird aber die Menge des fließenden Werkstoffes immer geringer und damit auch der Einfluß der Beschleunigungskräfte auf den Arbeitsaufwand zur Trennung, weil zu dieser Bewegung keine Zeit mehr bleibt. Entscheidend ist die Berührungszeit zwischen Werkzeug und Werkstoff, wie Bild 46 sinnbildlich zeigt: Je kürzer die Berührungszeit, desto weniger dringen die Kraftwirkungen in das Innere des Werkstoffes.

17. Auftreffgeschwindigkeit. Eher als bei dem zu bearbeitenden Werkstoff findet die Steigerung der Schneidgeschwindigkeit in der Stoßbelastung des Stempels eine Grenze. Es ist üblich, den Schneidvorgang in die untere Hälfte des Exzenterkreises zu legen.

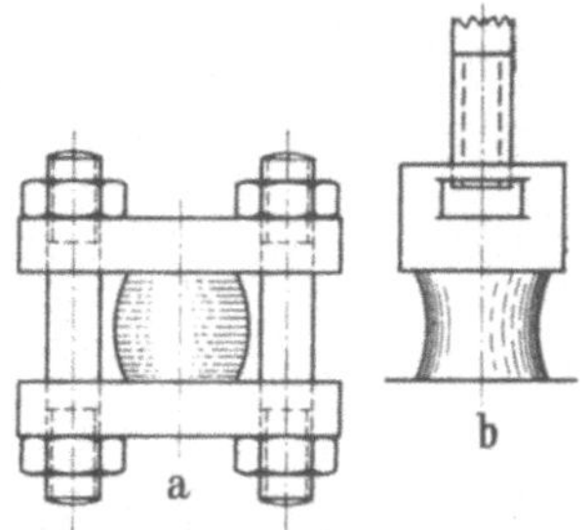

Bild 46. Pressung (a) und Schlag (b).

Daraus ergibt sich, daß die Auftreffgeschwindigkeit des Stempels größer ist als die Geschwindigkeit beim Durchdringen des Bleches und daß die Geschwindigkeit beim Schneiden immer geringer wird. Günstiger für die Beanspruchung des Stempels wäre es, sanft anzusetzen, langsam anzuschneiden und die Geschwindigkeit stoßfrei zu vergrößern, wenn der größte Widerstand überwunden ist. Das könnte man durch Verlegen des Schneidvorganges in die obere Hälfte des Kurbelkreises erreichen. Bei dieser Arbeitsweise sollte man selbst so spröde Stoffe wie Hartmetall für den Bau der Werkzeuge verwenden können, ohne niedrigere Hubzahlen anwenden zu müssen. Allerdings ist dann der Platz unter dem stillstehenden Werkzeug niedriger, und der Schneidstempel geht nach dem Durchdringen des Bleches sehr tief in die Schneidplatte hinein.

Bild 47 soll es der Werkstatt erleichtern, sich über die Auftreffgeschwindigkeit Rechenschaft zu geben, weil damit manches Geheimnis, das über dem vorzeitigen Verschleiß der Schneiden liegt, gelüftet werden kann. Die Zahl der Arbeitshübe ist allein kein Maßstab für die Leistung der Schneiden. Wichtig ist die Zeit, in welcher diese Hübe erfolgen. Durch den Aufprall werden die Werkzeuge in Schwingungen versetzt. Je härter der Aufprall, desto länger brauchen die Schwingungen, um abzuklingen. Erfolgt ein neuer Aufprall, ehe die Schwingungen abgeklungen sind, so schaukeln sie sich auf oder sie vernichten einander. Beides geht zu Lasten der Schneidhaltigkeit. Der Aufprall kann wesentlich vermindert werden durch Anwendung des Kreuzend-Schneidens (s. Abschn. 4 u. 45).

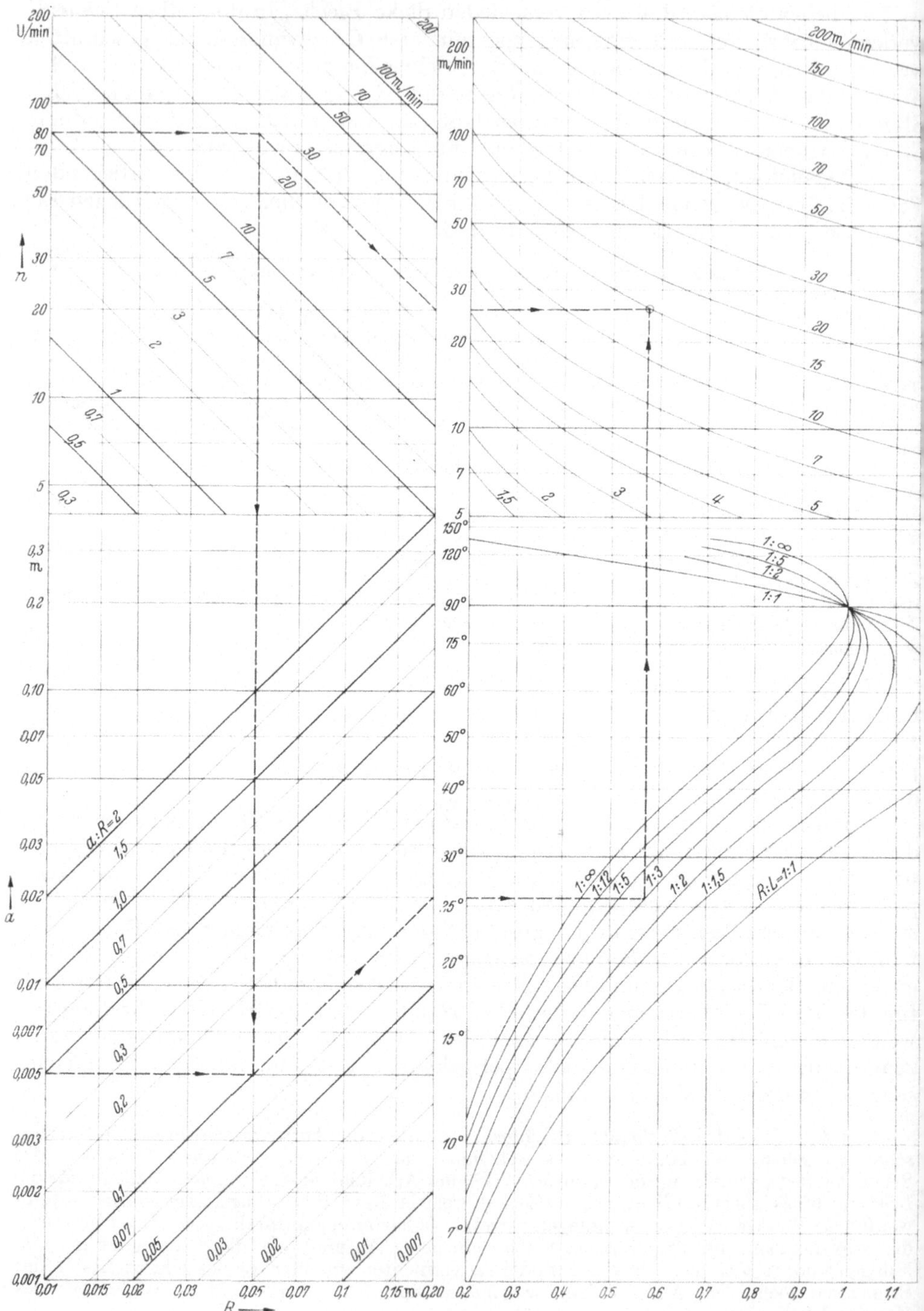

Bild 47. Nomogramm zur Bestimmung der Auftreffgeschwindigkeit des Pressenstößels. (Legende siehe S. 23.)

D. Untersuchung von Schneiddiagrammen

18. Das ideale Scherdiagramm (Bild 49) ergibt ein Rechteck, dessen eine Seite die Scherkraft, dessen andere Seite die Zeitdauer oder den Weg bezeichnet, längs dessen die Scherkraft wirken muß, um die Trennung durchzuführen. Es setzt voraus, daß die gesamte Scherkraft alle Fasern des zu bearbeitenden Werkstoffes gleichmäßig erfaßt, also sofort in voller Höhe wirkt, und daß der Werkstoff vor den angreifenden Scherkräften nicht ausweicht. Abweichungen von der Rechteckform des Schneiddiagramms zeigen also an, inwieweit diese Forderungen *nicht* erfüllt

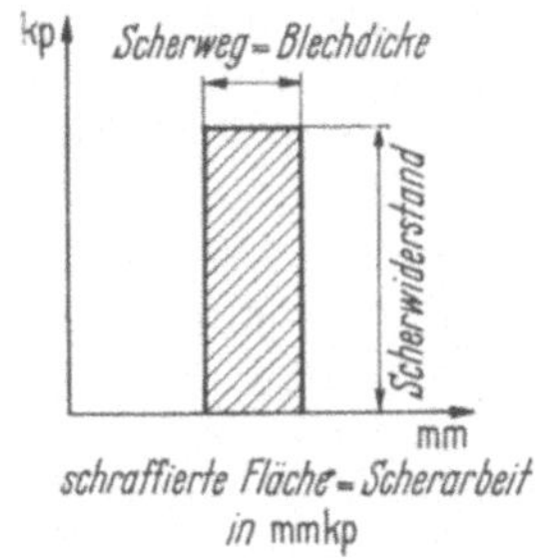

Bild 49. Ideales Schneiddiagramm.

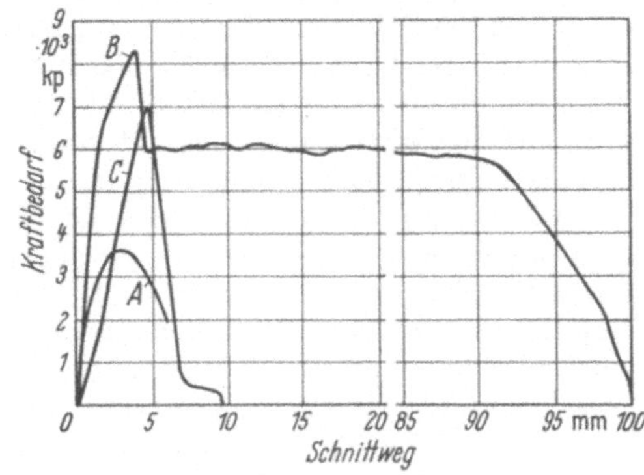

Bild 50. Kraftbedarf beim Schneiden von Kupfer.

Linie *A*: Kraftbedarf beim Schneiden mit parallelen Messern. Versuchsstück 15 mm², Schneidweg ist die Werkstückdicke. Linie *B*: Kraftbedarf beim Kreuzend-Schneiden. Versuchsstück 16 mm dick, 100 mm breit. Schneidweg ist die Werkstückbreite. Linie *C*: Kraftbedarf beim Lochen durch Stempel 16 mm ⌀. Versuchsstück 9,5 mm dick.

worden sind. Die wirklichen Scherdiagramme weichen je nach Art und Gestalt des geschnittenen Werkstoffes von der idealen Form ab.

19. Kupfer. a) *Schneidvorgang.* In Bild 50 gibt Linie *A* den Schneidvorgang bei Vollkantig-Schneiden ($\varphi = 0$, vgl. Bild 23) durch ein Stück Kupfer 15 × 15 mm mit Keilwinkel der Schneide $\beta = 85°$ wieder: nach dem Aufsetzen des Werkzeugoberteiles steigt, da der Werkstoff sich infolge seiner Elastizität verformt, die aufzuwendende Kraft erst langsam (auf dem Bild nicht zu erkennen), dann schnell an.

Legende zu Bild 47.

Im linken, oberen Feld findet man als Schnittpunkt der Kennlinie für Drehzahl (Beispiel $n = 80$) und Exzentrizität (Beispiel $R = 0,05$ m) die Exzenter- oder Kurbelzapfen-Geschwindigkeit (Beispiel: 26 m/min). Von diesem Punkte aus wird eine Senkrechte ins untere linke Feld gezeichnet bis zum Schnitt mit der Waagerechten, die für *a* kennzeichnend ist. *a* gibt die Höhe des Auftreffpunktes über der unteren Totlage des Exzentergetriebes in m an, also die Blechdicke + Eintrittslänge des Stempels in die Schneidplatte (Bild 48). Der Schnittpunkt von *a* und *R* gibt das Verhältnis $a:R$ an (unter 45° gezeichnete Linien). Geht man schräg aufwärts von diesem Punkt $a:R = 0,1$ bis zur Ordinatenachse, so kann man ablesen, welchem Kurbelwinkel α diese Stellung entspricht (Beispiel $\alpha = 26°$). Im Felde rechts ist in den Linien für $R:L$ zu erkennen, wie sich mit dem Verhältnis von Kurbelradius R zur Schubstangenlänge L (Beispiel $R:L = 1:3$) die Geschwindigkeit des Stößels ändert. Geht man von dem Schnittpunkt der Waagerechten mit einer dieser Kurven senkrecht in das obere rechte Feld, so findet man die gesuchte Auftreffgeschwindigkeit in m/min, wenn man im linken oberen Feld vom Ausgangsschnittpunkt längs der zu diesem gehörenden 45°-Linie zur Ordinatenachse fährt und von hier aus waagerecht nach rechts geht bis zum Schnittpunkt mit der von unten kommenden Senkrechten. (Beispiel: Auftreffgeschwindigkeit = 15 m/min.)

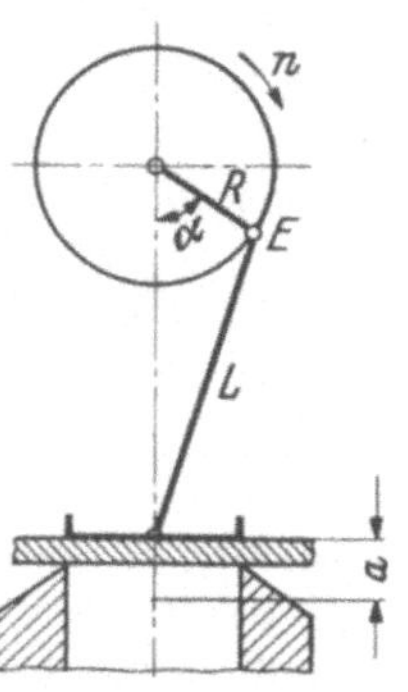

Bild 48.
Der Auftreffpunkt und seine geometrischen Verhältnisse (zu Bild 47).

Es bilden sich die Spannungszentren aus, die Schubbeanspruchung überschreitet die Werkstoffestigkeit, der Anriß beginnt: 1. Abschnitt (bis etwa 3 mm Eindringungstiefe). Dann bringt die Druckspannung, die dazukommt, den Werkstoff zum Fließen: 2. Abschnitt (bis etwa $6^1/_2$ mm Eindringungstiefe). Dieser Abschnitt ist gekennzeichnet durch den verhältnismäßig langen Vordringungsweg des Obermessers trotz abnehmendem Widerstand. Schließlich vermag die durch die begonnene Trennung verminderte Querschnittfläche den Kraftwirkungen nicht mehr zu widerstehen und ein Bruch vollendet die Trennung: 3. Abschnitt. Die Länge dieser drei Abschnitte und ihr Verhältnis zueinander sind unter Berücksichtigung von Werkstoffdicke bzw. Werkstofform kennzeichnend für den bearbeiteten Werkstoff.

Kurve B schildert den Kräfteverlauf bei zueinander geneigten Messern ($\varphi = 10°$, $\beta = 80°$) durch ein Stück Kupfer 16 × 100 mm. Ein bedeutend schneller ansteigender Kraftbedarf zeigt an, daß sich die Kräfte nicht allein auf die Schneidebene beschränken, sondern den ganzen Streifen beeinflussen (Einleitung von Verbiegungen senkrecht aus der Werkstoffebene nach unten, in der Werkstoffebene vom Messer weg). Solange noch keine Schneidfuge (Anriß) besteht, leistet der Werkstoff den größten Widerstand. Dadurch ist das im Verhältnis zur Werkstoffdicke unvergleichlich höhere Anwachsen der Kräfte gegenüber Kurve A bedingt. Ähnlich wie bei A schließt sich der Abschnitt des Fließens an, verbunden mit bedeutendem Kraftabfall, weil die zuvor zur Erzeugung von Verbiegungen aufgewandten Kräfte sich zum Teil wieder nutzbar machen, indem sie den Bruch beschleunigen. So nimmt der zweite Abschnitt die Form einer Spitze an gegenüber einer Kuppe der Kurve A. Abschnitt 1 und 2 sind eng zusammengerückt. Gleichzeitig sind die eigentlichen Schneidverhältnisse eingeleitet, d. h., die Schnitt- und die Formänderungsfläche behalten für eine Zeit die aus Werkstoffdicke und Messerneigung sich ergebende Länge bzw. Größe. In rascher Folge überdecken sich die drei Abschnitte: Biegen – Fließen – Brechen. Nur leise Schwebungen der Kurve verraten die Vorgänge im Werkstoff. Nähert sich das Schneiden dem Ende, so finden zunächst die verbiegenden Kräfte geringen Widerstand, gleichmäßig beginnt die Kraftaufnahme abzunehmen. Die Verkleinerung der Schnittfläche bestärkt die Entwicklung. Ein erneuter Knick der Kurve deutet an, daß sich das Fließen über den kleineren noch vorhandenen Querschnitt erstreckt. Ein letztes Brechen vollendet die Trennung.

Kurve C zeigt den Lochvorgang. Langsames Anwachsen der Kräfte zu Beginn des Schneidens, weil zu seiner Einleitung erst elastische Formänderungen stattfinden: Biegen des vor dem Stempel liegenden Werkstoffes nach der Schneidkantenebene des Stempels, Biegen des umgebenden Werkstoffes nach der Schneidkantenebene der Schneidplatte, Durchbiegung des vor dem Stempel liegenden Werkstoffes wie eine mehr oder minder eingespannte Platte unter Kreisringbelastung. Dann wachsen die Kräfte rasch. Die Spannungszentren bilden sich aus und leiten das Fließen ein. In diesem Abschnitt erreicht die Kraftaufnahme ihren größten Wert. Dieser fällt schnell ab unter Bildung einer Spitze in der Kurve und zeigt damit, daß ein Bruch die Trennung herbeigeführt hat. Jetzt ist es nur notwendig, mit dem Stempel als Stoßstahl den einspringenden Kragen des Lochrandes zu beseitigen und etwa auftretende Reibungen zwischen Putzen und Lochrand zu überwinden.

b) Die Bedeutung der Werkstoffdicke für den Ablauf des Schneidvorganges für Kupfer verdeutlicht Bild 51: Der größte Kraftbedarf je mm^2 Schnittfläche (Kurve b) wird mit wachsender Werkstoffhöhe geringer, weil die Spannung sich über den Trennungsquerschnitt ungleichmäßig verteilt. Nur unmittelbar vor den Schneiden erreicht die Spannung Werte, die den Werkstoffwiderstand überwinden. Je größer die Höhe ist, um so geringer wird der verhältnismäßige Anteil dieser Zone am ganzen Querschnitt sein. Anders die Kurve a für den Arbeitsbedarf: Erst stark, allmählich langsamer ansteigend, spiegelt sich in ihr die Erscheinung wider, daß mit wachsender Werkstoffdicke das Verhältnis von wirklichem Schneidweg (s. Bild 19, Zone *2*) zur Werkstoffdicke kleiner wird. Das Anwachsen des Arbeitsbedarfes wird dadurch verursacht, daß verhältnismäßig viel größere Mengen des Werkstoffes zum Fließen gebracht werden müssen.

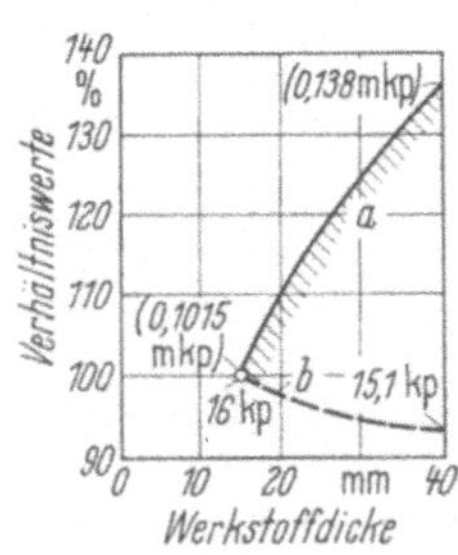

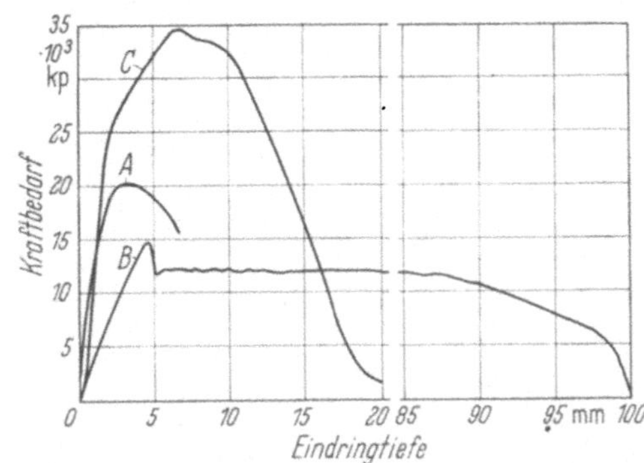

Bild 51. Einfluß der Werkstoffdicke auf den Kraft- und Arbeitsbedarf beim Schneiden von Kupfer (100% bei 15 mm Werkstoffdicke gesetzt). Linie *a*: Arbeitsbedarf je mm² Schnittfläche in mkp in Abhängigkeit von der Werkstoffdicke. Linie *b*: größter Kraftbedarf je mm² Schnittfläche in kp in Abhängigkeit von der Werkstoffdicke

Bild 52. Kraftbedarf beim Schneiden von Stahl St 42. Linie *A*: Kraftbedarf beim Vollkantig-Schneiden. Versuchsstück 20 mm dick, 40 mm breit. Schnittweg ist die Werkstückdicke. Linie *B*: Kraftbedarf beim Kreuzend-Schneiden mit $\varphi = 10°$. Versuchsstück 20 mm dick, 100 mm breit. Schnittweg ist die Werkstückbreite. Linie *C*: Kraftbedarf beim Lochen durch einen Stempel von 20 mm $\varnothing$. Versuchsstück 19,5 mm dick.

20. Stahl St 42. a) Bild 52, Kurve *A* – Vollkantig-Schneiden ($\varphi = 0°$), $\beta = 85°$, Versuchsstück 20 × 40 mm – überraschend durch das schnelle und hohe Anwachsen der Kräfte, das verhältnismäßig geringe Kraftgefälle zwischen Höchstkraft und Bruch trotz des größeren Querschnittes gegenüber Bild 50. Dieselben Erscheinungen finden sich bei der Kurve *B*: Schneiden kreuzend unter $\varphi = 10°$, $\beta = 80°$, Versuchsstück 20 × 100 mm. Nur bei Kurve *C* – Lochen, Stempel 20 mm Durchmesser, Versuchsstück 19,5 mm dick – scheint in ihrem abfallenden Ast ein Unterschied zu bestehen. Die verschiedenen Zahlenwerte der Kurven spiegeln den Widerstand gegen Formänderungen und das Aufnahmevermögen von Formänderungsarbeit wider. Der Widerstand des Stahles gegen Formänderung ist größer als der des Kupfers. Dagegen ist das Aufnahmevermögen von Formänderungsarbeiten kleiner, d.h., beim Stahl sind die notwendigen Schneidkräfte größer als beim Kupfer, die Schneidwege aber kürzer. Wegen des großen Querschnittes wird die Höchstkraft eher erreicht als beim Kupfer, die Schneidwege der Fließperiode werden kürzer bei geringerem Kräftegefälle, die Zone der Trennung durch Bruch wird größer, die Gesamttrennungsfläche also unebener. Darum nimmt der abfallende Ast der Kurve *C* des Stahls einen so unruhigen Verlauf: größere und rauhere Bruchflächen sind unter größerem Kraftaufwand aneinander vorbei zu bewegen. Das Schneidmesser in seiner Eigenschaft als Stoßstahl hat größere Formänderungswiderstände zu überwinden.

b) Grundsätzlich zeigen die Kurven in Bild 53, die für Stahl die Abhängigkeit des Kraft- und Arbeitsbedarfs je mm² Schnittfläche von der Werkstoffhöhe darstellen, einen ähnlichen Verlauf wie in Bild 51. Weiter geht aus

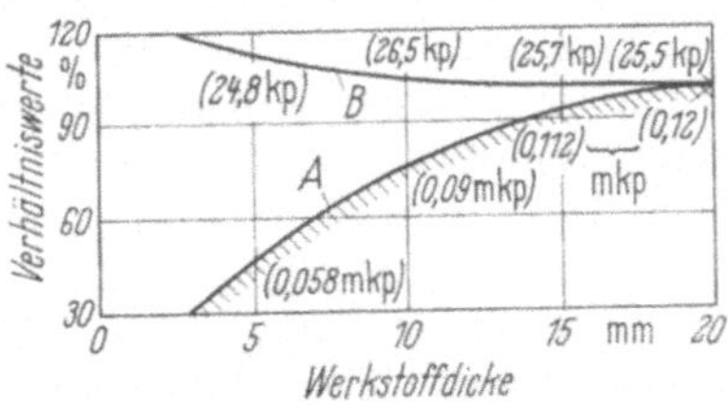

Bild 53. Einfluß der Werkstoffdicke auf den Kraft- und Arbeitsbedarf beim Schneiden von Stahl (100% bei 20 mm Werkstoffdicke gesetzt). Linie *A*: Arbeitsbedarf je mm² Schnittfläche in mkp. Linie *B*: größter Kraftbedarf je mm² Schnittfläche in kp.

den eingetragenen Zahlenangaben hervor, daß der größte Kraftbedarf beim Stahl sich zu dem des Kupfers verhält wie $\sim 3{,}5 : 2$, während der Arbeitsbedarf nur wenig vom Verhältnis $1 : 1$ abweicht. Die Aufnahmefähigkeit für Formänderungsarbeiten beeinflußt also den Arbeitsbedarf beim Schneiden wesentlich (Bild 54).

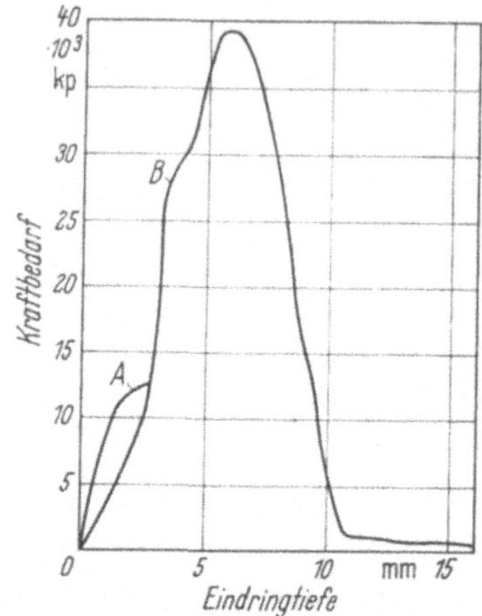

Bild 54. Kraftbedarf beim Schneiden von hartem und zähem Werkstoff in Abhängigkeit von der Eindringtiefe.
Linie A: Werkzeugstahl 20×15 mm, $\beta = 85°$ (Arbeitsbedarf je mm² Schnittfläche 0,075mkp, größter Kraftbedarf je mm² Schnittfläche 41,7 kp). Linie B: Nickelstahl Lochversuch $20 \varnothing \times 14$ mm (Arbeitsbedarf je mm² Schnittfläche 0,225 mkp, größter Kraftbedarf je mm² Schnittfläche 44,3 kp).

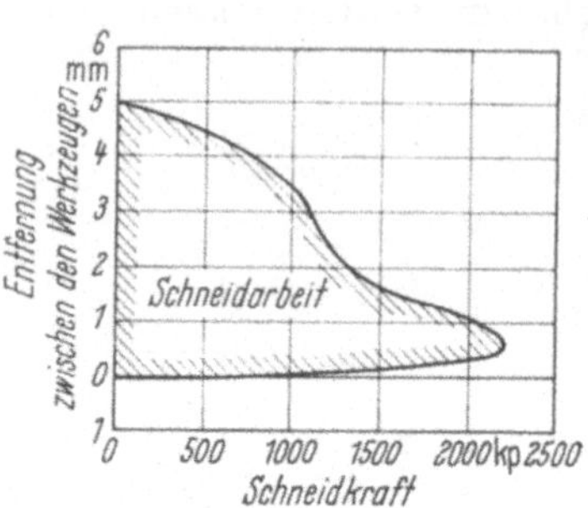

Bild 55. Schneiddiagramm von Pappe.

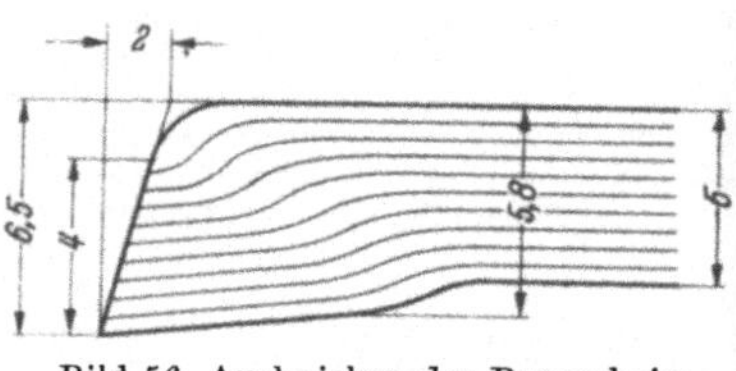

Bild 56. Ausknicken der Pappe beim Schneiden.

21. Pappe (vgl. Abschn. 44) wird meist durch *Keilschneiden* (Messerschneiden, Tab. 3 u. Bild 97) verarbeitet. Abweichend von den Metallen liegt die Höchstkraft fast am Schnittende (Bild 55). Der Stoff drückt sich wenig zusammen. In dem Maße, wie der wirksame Teil des Messers mit steigenden Eindringungstiefen dicker wird, ändern sich die Schneidverhältnisse. Die Keilwirkung steigt über die Schneidwirkung hinaus. Die Pappschichten knicken aus (Bild 56). Nunmehr beschränkt sich die Wirkung des Messers auf den innerhalb der Ausknickung liegenden Stoff. Die Schneidwirkung tritt wieder in den Vordergrund. Der Höchstpunkt der Kraftbedarfskurve ist erreicht. Mit der Verkleinerung der Schneidfläche wächst deren Beanspruchung so rasch, daß die letzte Schicht durch Zerreißen getrennt wird.

Pappe ist nicht elastisch genug, um das Ausknicken der Schichten federnd aufnehmen zu können. Die Knickung bleibt nach Vollendung des Schnittes also bestehen und ist am abgeschnittenen Stück deutlich zu erkennen. Die glänzende Fläche ist die eigentliche Scherfläche. Unten trägt sie einen schmalen Rand mit Rißspuren. Oben schließt sich an die Trennfläche ohne scharfen Übergang eine matte Zone. Das sind die durch Ausknicken aufgelockerten Schichten, die sich vor dem Messer umgelegt und fest angepreßt haben, woraus sich der allmähliche Übergang in die Schnittfläche erklärt.

22. Leder und Filz. *Leder* ist ein Naturstoff und daher in seinem Aufbau und seiner Dicke gewissen Schwankungen unterworfen. Es hat eine harte narbige Seite, die Haarseite des Felles, und eine weiche, fast filzige, die Fleischseite. Die Diagramme Bild 57 sind mit Messerumrißschneiden von der Narbenseite her erzeugt worden. Auffallend ist die völlig verschiedene Eigenart der Kurven bei Sohl- und Chromleder. Durch die besondere Art der Gerbung wird Sohlleder sehr fest und steif, Chromleder dagegen weich und schmiegsam.

Bei *Sohlleder* liegt die Höchstkraft wie bei Pappe am Ende der Schneidbewegung. Der Höchstwert wird aber nach einer kürzeren Zusammenpressung gleichmäßig ohne Absätze und Knicke erreicht. Die Schichten knicken nicht aus, weil Leder im Gegensatz zu Pappe sehr elastisch ist, wie die Verwendung als Treibriemen schon zeigt. Das Sohlleder wird unter der Keilwirkung des Messers so lange gedehnt und geschnitten, bis schließlich bei sich ständig verkleinerndem Lederquerschnitt die Trennung durch Reißen eintritt. So ist es auch erklärlich, daß bei Leder die notwendige Schneidkraft höher liegt, wenn man von der Fleischseite her schneidet, weil dann die steife Narbenschicht während des ganzen Schneidvorganges gedehnt werden muß.

Beim *Chromleder* ist der Unterschied zwischen Narben- und Fleischseite nicht so groß wie beim Sohlleder. Die Verdrängung des Leders durch das Messer ist nicht so schwer, wie aus der schwächeren Neigung des Druckanstiegs zu sehen ist. Daran schließt eine Zone, in der sich der Kraftbedarf ungefähr auf einer Höhe bewegt. Die Narbe ist durchschnitten und die Fasern werden dicht vor dem Messer zusammengepreßt und durchschnitten. Ein Riß am Schluß beschließt die Trennung.

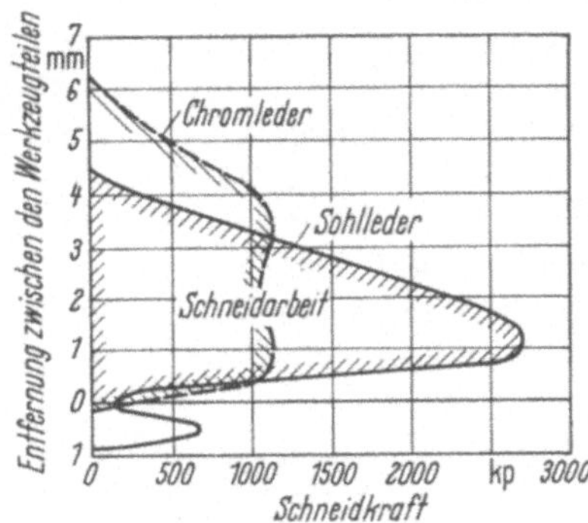

Bild 57. Schneiddiagramme von Leder.

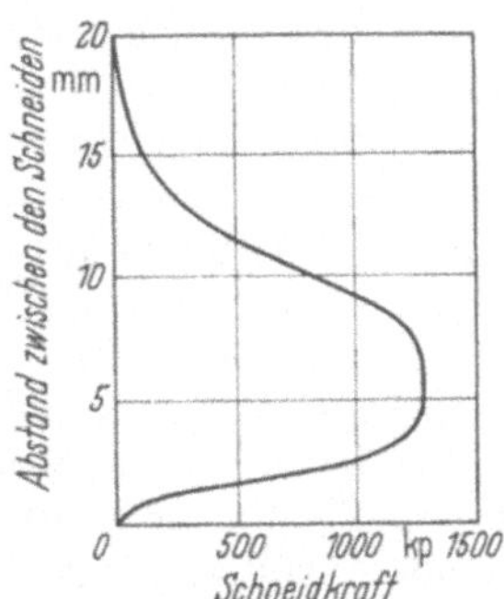

Bild 58. Schneiddiagramm von Filz.

Filz verhält sich ähnlich wie Chromleder (Bild 58). Nur ist Filz gleichmäßiger in seinem Verhalten beim Schneiden. Ganz allmählich wird der Filz zusammengepreßt. Schließlich hat er sich vor der Schneide so weit verfestigt, daß er geschnitten werden kann, d. h., daß die Schneiden, ohne wesentlichen Widerstand zu finden, den Filz verdrängen und für sich Platz schaffen. Damit ist die Kraftspitze erreicht. Die geringen Schwankungen im weiteren Verlauf der Kurve zeigen, wie sich neues Zusammendrängen und neues Schneiden überdecken, bis schließlich die vom Messer in den Filz übertragenen Kraftwirkungen die untere Fläche der Filzplatte erreichen; nun fällt die Kraftaufnahme schnell ab. Die letzten Fäden werden auseinander gerissen.

II. Folgerungen aus dem Schneidvorgang

A. Schneidvorgang und Werkstoff

23. Trennungsablauf. Ein Rückblick auf die verschiedenen Diagramme zeigt, daß das so einfach erscheinende Scheren in Wirklichkeit ein recht verwickelter Vorgang ist, bei dem man folgende Stufen unterscheiden kann:

1. Spannen des Werkstückes vor oder zwischen den Schneiden,
2. Verdrängung des Werkstoffs vor der Druckfläche des Werkzeugs,
3. Verbiegen, Scheren, Brechen,
4. Vorgänge nach dem Trennen.

Gegen die vordringenden Schneiden tritt der Werkstoff zunächst in Abwehrstellung, indem er sich vermöge seiner Elastizität spannt, oder er sucht vor ihnen auszuweichen, indem er sich zusammendrücken läßt (Filz). In dieser Phase bilden sich die für die Kräfteübertragung notwendigen Flächen aus. Sowie diese hinreichend groß sind, ist die Kräftewirkung auf den Werkstoff eindeutig ausgerichtet. Die Schneiden dringen in den Werkstoff ein und verdrängen ihn, soweit er ihnen im Wege steht. Entweder reißt oder spaltet sich der Werkstoff unter der Keilwirkung der Schneide, oder die Druckspannung bringt ihn zum Fließen. In diesem Augenblick, in dem der Einfluß der Druckspannungen durch das Fließen ausgeglichen wird, stellen sich unmittelbar vor der Schneide die Scherbeanspruchungen ein, die zum Schneiden führen. Die Kerbwirkung des Anschnittes führt dann schnell zur vollständigen Trennung. Das Herausschaffen des abgeschnittenen Stückes aus dem Werkzeug bildet den Abschluß des „Schneid"vorganges.

24. Aussehen der Schnittflächen. Die Betrachtung der Diagramme läßt erkennen, daß das Verhalten des Stoffes beim Verdrängungsvorgang für den Ablauf des Schneidvorganges bezeichnend und bei den fließfähigen Metallen besonders lehrreich ist. In Bild 59 sind die Fließzonen für einen harten und für einen zähen Stoff gezeichnet. Der Arbeitsbedarf je mm² Schnittfläche ist um so größer, je fester und zäher ein Werkstoff ist (b), d.h. je größer der Kraftaufwand ist, um den Werkstoff zum Fließen zu bringen und je ausgesprochener er fließt. Je spröder ein Werkstoff ist (a), d.h., je geringer seine Neigung zum Fließen und zur Aufnahme bleibender Formänderungen ist, um so niedriger fällt verhältnismäßig die zur Trennung aufzuwendende Arbeit aus (vgl. Bild 54).

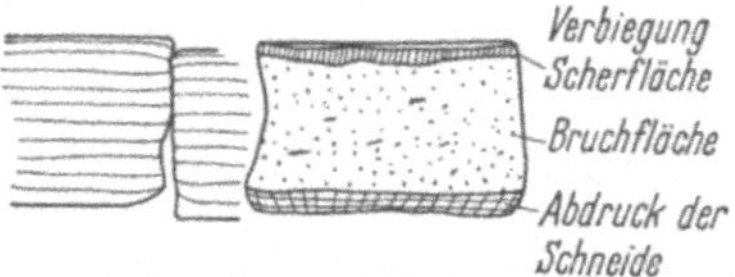

Bild 60. Das Aussehen der Schnittfläche bei hartem Werkstoff (Werkzeugstahl).

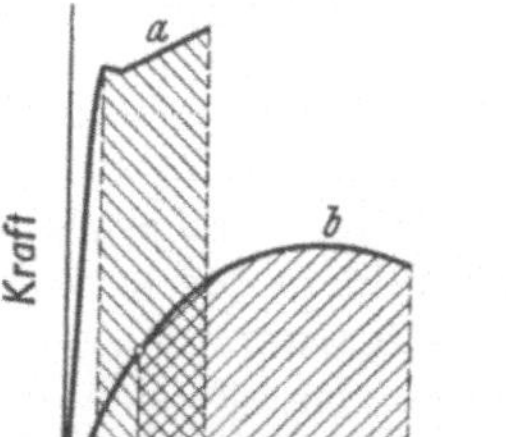

Bild 59. Das Arbeitsvermögen des Werkstoffes, an zwei Zerreißdiagrammen gezeigt.
a Harter Werkstoff;   b zäher Werkstoff.

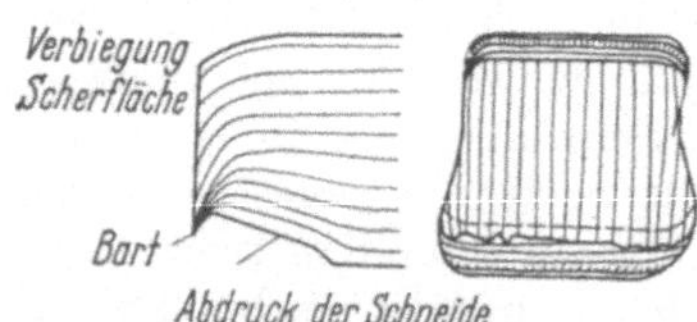

Bild 61. Das Aussehen der Schnittfläche bei zähem Werkstoff (Stahl bei 1000 °C).

Auf das Aussehen der Schnittfläche bezogen heißt das: Je spröder ein Werkstoff, desto mehr weicht die Schnittfläche von der gewollten Schneidebene ab. Die Schneiden dringen nur wenig in den Werkstoff ein, so daß man eigentlich nicht von Schnitt sondern von Bruchfläche sprechen muß (Bild 60). Mit zunehmender Dehnbarkeit wächst der Einfluß des Schneidvorganges im Fließzustand gegenüber der Trennung durch Bruch. Gewollte Schneidebene und Schnittfläche rücken aneinander (Bild 61). Da sich das Fließen nicht auf die gewollte Schnittfläche allein beschränkt, sondern sich auf den umgebenden Werkstoff erstreckt, hinterlassen die Schneiden

Abdrücke. Die Fasern werden vor den Schneiden gequetscht, an der gegenüberliegenden Seite verbogen. Namentlich bei profiliertem Werkstoff sind derartige Verzerrungen sehr unerwünscht.

25. Begrenzung der Werkstoffdicke. Das Fließen des Stoffes während des Schneidens hat eine Reihe von Erscheinungen im Gefolge. Zunächst begrenzt es die zu bearbeitende Werkstoffdicke. Zur Einleitung brauchen zwar nur ganz dicht unter den Schneidkanten die zur Trennung ausreichenden Schubspannungen erzeugt zu werden. Man könnte daraus schließen, der Kraftaufwand wäre unabhängig von der Werkstoffdicke, wenn der Stoff nicht vor dem Trennen mit zunehmender Dicke höheren elastischen Widerstand bieten und demgemäß größere elastische Formänderungsarbeit verbrauchen würde. Also nimmt die zur Erzeugung der notwendigen Scherspannung notwendige Kraft doch mit der Dicke des Bleches zu. Dadurch werden wieder größere Kraftübertragungsflächen notwendig, und das bedingt wiederum, daß größere Mengen Stoff ins Fließen gebracht werden müssen. Kommen hierbei auch die Stoffteilchen an der Werkstoffoberfläche ins Fließen, so bildet sich unter Herabsetzung der Werkstoffdicke ein bleibender Abdruck der Schneiden aus. Aus den Bildern 19 und 21 ist zu ersehen, daß die Schubspannungen, von denen die Trennung eingeleitet wird, nicht in Richtung der Scherfläche laufen, sondern gegen diese geneigt sind. Zugleich wird die unter

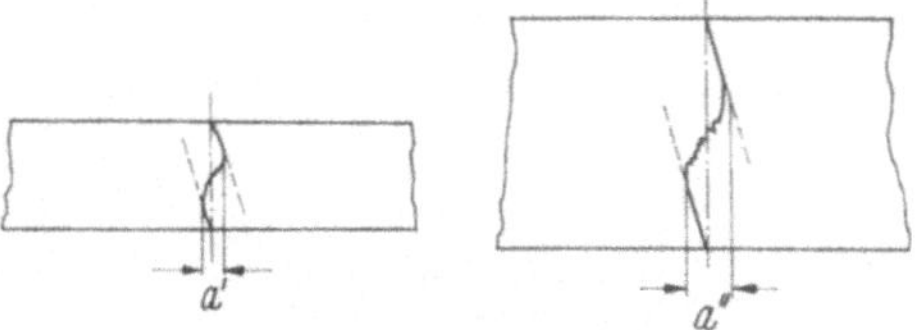

Bild 62. Einfluß der Werkstoffdicke auf die Form der Schnittfläche.

dem Einfluß von Druckspannungen entstehende Bruchfläche mit der Blechdicke größer (Bild 62). Während also bei dünnem Werkstoff die abgetrennten Teile nur um den Betrag a' ineinanderhängen, steigt dieser mit wachsender Werkstoffdicke auf a''. Diese Formänderungen zur Erzeugung einer rauhen, verzerrten Schnittfläche verzehren einen großen Teil der zu Trennungszwecken eingeleiteten Arbeit. Je nach der geforderten Genauigkeit, Schnittkantenglätte und der zur Verfügung stehenden größten Pressenleistung ergibt sich die obere Grenze der Werkstoffdicke.

Es sei auf die Möglichkeit hingewiesen, die Menge des ins Fließen gebrachten Werkstoffes durch Steigerung der Schneidgeschwindigkeit (s. Bild 46), durch Schneiden mit Zuschärfung (s. Bild 21) und durch Vergrößerung des Spaltes zwischen den Schneiden (s. Bild 42) zu verkleinern.

Wie sich der *Schneidspalt*[1] auf das Aussehen von Loch und Putzen auswirkt, zeigen die Bilder 63 und 64 [*12*, Fertigungstechnik u. Betrieb 1961, S. 195/196]. Bei einem Schneidspalt von $\approx 1,5\%$ der Blechdicke ist das Loch einwandfrei zylindrisch und glatt. Wird der Schneidspalt größer, weitet sich der untere Teil des Loches kegelig auf. Bei einem Schneidspalt von etwa 10% und mehr der Blechdicke dürfte das Loch in der Regel unbrauchbar sein. Auch vor dem Stempel deuten sich kegelige Ansätze an. Sie dürften jedoch kaum qualitätsentscheidend sein.

26. Dauerbruchgefahr. Noch eine weitere Grenze in der Anwendbarkeit der Schneidtechnik kann man aus diesen Vorgängen erkennen: Die Bearbeitungsmöglichkeit allein ist nicht maßgebend für die Anwendbarkeit des Schneidverfahrens, auch der Verwendungszweck des herzustellenden Werkstückes muß geprüft werden. Ist dieses Wechselbelastungen in hoher Zahl und beträchtlicher Größe ausgesetzt, so gibt der durch Bruch entstandene Teil der Schnittfläche mit seinen Zacken

---

[1] Bei Schneidwerkzeugen zum Ausschneiden von runden und anders geformten Löchern wird die *Spaltweite* oder der *Schneidspalt* auf den Radius, das *Schneidspiel*, gleich doppeltem Schneidspalt, auf den Durchmesser gerechnet (s. Bild 43, S. 19).

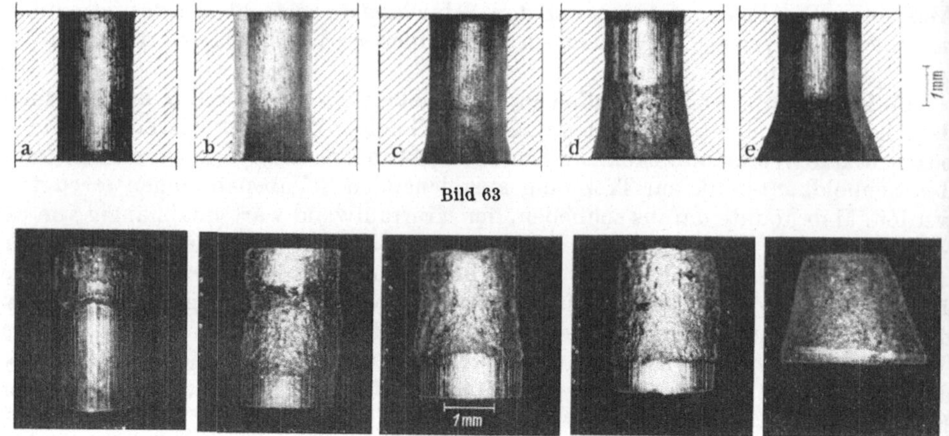

Bild 63

Bild 64

Bilder 63 u. 64. Abhängigkeit des Aussehens eines gestanzten Loches und des ausgestoßenen Putzens von der Spaltweite (nach F. KELLER, vgl. Abschn. 13, S. 20).

Blechdicke 4,000 mm, Stempel $\varnothing\ d = 2{,}020$ mm

ferner bei Versuch	a	b	c	d	e
Schneidplatte $\varnothing\ d_1$	2,150	2,380	2,600	2,800	3,290 mm
Schneidspalt $(d_1-d)/2$	0,065	0,180	0,290	0,390	0,635 mm
Loch $\varnothing$ oben D	2,120	2,130	2,100	2,140	2,100 mm
Loch $\varnothing$ unten D_1	2,040	2,280	2,450	2,710	3,160 mm
Putzenhöhe	3,450	3,333	3,170	3,120	2,730 mm

Putzen $\varnothing$ oben wie Stempel, unten wie Schneidplatte.

und Rissen leicht Anlaß zu Dauerbrüchen oder Ermüdungserscheinungen. In solchen Fällen muß also dem Schneiden ein zweiter Arbeitsgang folgen, der die Schicht der Risse und Zacken entfernt.

27. Gefügeänderung beim Schneiden. Die Form der Schnittfläche durch Schneiden ist mit Abdruck der Schneiden, schräger Scherfläche und gekrümmter Bruchfläche gegeben, aber auch der Stoff in der näheren Umgebung der Trennfläche wird in Mitleidenschaft gezogen (s. Bilder 22 und 32). Mit dem Fließen ist eine Gefügewandlung verbunden, die einer Änderung der Festigkeitseigenschaften des Werkstoffes, meist zu dessen Nachteil, gleichkommt. Entscheidend dafür, ob für den jeweilig vorliegenden Fall die Herstellung eines Werkstückes durch Schneiden zulässig ist, sind die späteren Betriebsverhältnisse. Ist das Werkstück im Betrieb höheren Wärmegraden ausgesetzt, so ist von der Verwendung des Schneidens wegen der Gefahr der *Rekristallisation* abzuraten (Bild 32), weil diese zur Bildung groben Kristallgefüges führt. Der Werkstoff wird spröde. Dabei braucht die Erwärmung nicht einmal so hoch zu liegen wie bei dem Beispiel von Bild 32 (720 °C). Wirkt eine niedrigere Temperatur entsprechend länger ein, so ruft sie dieselben Wirkungen hervor.

Auch die Gefügeänderung hängt von der Größe des Schneidspaltes ab. Wenn man dem Werkstoff keine Möglichkeit zum Spannungsausgleich gibt, wirkt sich die Spannung derart auf das Gefüge aus, daß der Ausschnitt selbst praktisch umformungsfrei ist und daß im 2. Drittel der Blechdicke die Verformung des Gefüges ein Maximum erreicht. Im Blech vor der Schneidplatte klingt die Verformung des Gefüges wieder ab. Ihre Tiefenwirkung erstreckt sich etwa bis zu 1 mm in das Blech hinein.

Während sich diese Vorgänge im Inneren des Stoffes abspielen, hinterläßt der Fließvorgang an den Oberflächen des Bleches Aufrauhungen in der Nähe der Schnittkanten. Arbeitet ein solches Werkstück später in warmer, feuchter Umgebung, so bilden diese Stellen einen besonders günstigen Angriffspunkt für Korrosion (Rostbildung). Gefährlich werden sie bei Nietverbindungen an Kesseln. Denn auf der Seite, wo die Platten aufeinanderliegen, geben die Aufrauhungen Anlaß zu Undichtigkeiten. An der Seite der Nietköpfe fallen die Aufrauhungen und der Rand des Schließkopfes fast zusammen, so daß gerade die empfindlichste Stelle einer Nietung den Keim der Zerstörung in sich trägt. Das Stanzen von Nietlöchern an Kesselblechen sollte man bei diesem ungünstigen Zusammentreffen von Rekristallisation und Rostgefahr unbedingt vermeiden. Doch braucht man allgemein beim Auftreten von Schwierigkeiten ähnlicher Art das Schneiden nicht grundsätzlich abzulehnen. Oft wird es bei durch Schneiden hergestellten Werkstücken, die hohen Belastungen ausgesetzt sind und deren Stoff von Natur aus ein Fließen gestattet, möglich sein, die Schnittlinien an solche Stellen zu legen, die zur Kraftübertragung nur wenig herangezogen werden.

28. Gratbildung. Fließen ist die Bewegung von kleinen Stoffteilen in Richtung des Spannungsgefälles. In den Zonen starken Spannungsgefälles wird die Bewegung der Teilchen besonders kräftig sein. Ein Blick auf Bild 31 lehrt, daß der Stoff vor dem Stempel nach außen, vor der Schneidplatte nach innen fließt. Er steigt an der Seite der Schneide in die Höhe (s. Bild 14), an der er den geringsten Widerstand findet. So entsteht der Grat.

Beim Lochen z. B. wird der Stoff um das Loch herum an der dem Stempel zugewandten Seite geringfügig zu einem Wulst aufgeworfen. Das kann auch nicht durch straffe Niederhalter verhindert werden. Vor der Schneidplatte ergibt sich im Blech ein blankgedrückter Ring ohne Vorsprung (Bild 65). Er läßt sich, wie schon angedeutet, wohl verkleinern, aber nicht ganz vermeiden und ist derart bezeichnend für das Lochen, daß nach der Stärke des Grates die Güte der Arbeit und der Zustand des Werkzeuges beurteilt werden können. Mit dem Grat hakt sich das Stanzstück an allen Kanten fest. Grate verhindern das glatte Aufeinanderlegen und Verbinden von Ausschnitten miteinander. Diese unangenehme Beigabe des Schneidens macht man dadurch weniger wirksam, daß man bei wiederholter Bearbeitung eines Bleches die Grate alle an einer Seite erscheinen läßt, d. h. das Blech immer wieder in die gleiche Stellung und Lage zu den Schneiden bringt. Das ist aber z. B. beim Schneiden ohne Stoffverlust, bei Abhackschnitten, auch beim Schneiden unter Scheren nicht möglich, weil die rechte Kante des Stanzteils links vom Werkzeug, die linke Kante rechts vom Werkzeug entsteht. Deswegen benutzt man Scheren auch nur zum Vor-, nicht zum Fertigschneiden.

29. Verformungen am Werkstoff. Im vorigen Abschnitt wurde bereits das Fließen als eine Bewegung von Stoffteilchen in Richtung des Spannungsgefälles gedeutet. Durch das Fließen wird also das Spannungsgefälle ausgeglichen, d. h., es ist nach der Formänderung aufgebraucht. Das bezieht sich natürlich nur auf die Zonen, in

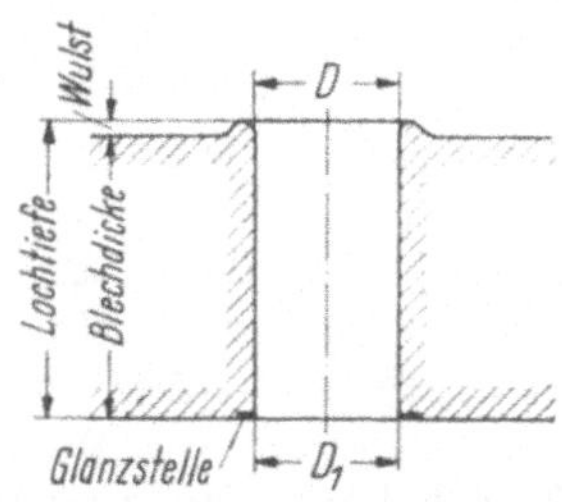

Bild 65. Werkstoffaufwerfung (Grat) an der oberen Blechfläche. Glanzstelle bei D_1 an der Auflagestelle des Bleches [12].

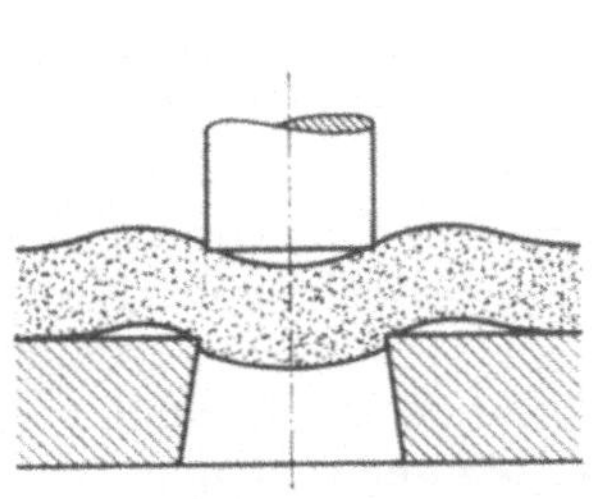

Bild 66. Elastische Verformung beim Schneiden.

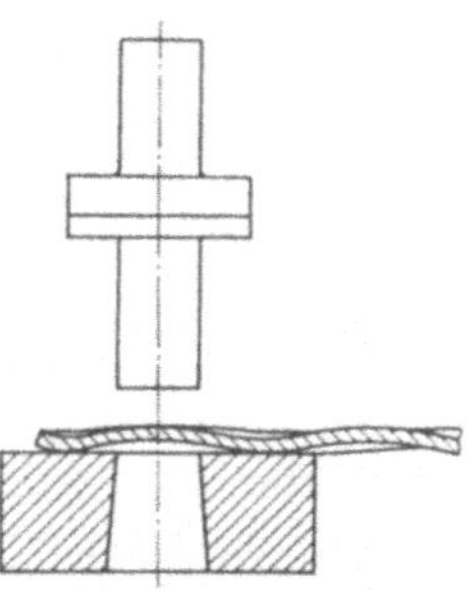

Bild 67. Verbiegungen vor der Schneidplatte.

denen der Stoff geflossen ist. Nun hat aber das Blech vorher eine elastische Verformung erfahren (Bild 66), d.h., es ist gespannt und möchte sich unter Entspannung wieder in seine ebene Form zurückbewegen. Aber die Zone, in der der Stoff geflossen ist, hat durch das Fließen auch ihre elastische Spannung verloren und versucht in der Lage zu beharren, in der die Spannung sich ausgeglichen hat. Infolgedessen wird das Blech nur so weit zurückfedern können, bis die nach außen drängenden, Entspannung suchenden Kräfte sich mit den sich spannenden äußeren Zonen das Gleichgewicht halten. Solche *Verbiegungen* herrschen vor der Schneidplatte (Bild 67) und werden überall da herrschen, wo örtlich beschränktes Fließen die *Rückfederung* vorher gespannten Bleches verhindert, wie sich dies aus ungleichmäßiger Neigung zum Fließen oder ungleichmäßiger Belastung des Bleches beim Schneiden ergeben kann.

30. Biegungserscheinungen am Streifenrand. Erfahrungsgemäß beginnt das Fließen an den Stellen größten Spannungsgefälles und bedeutet eine Kraftfortleitung in der Fließrichtung. Kommt ein Stempel nahe an den Stoffrand, so ist diese Kraftfortleitung so bedeutend, daß der am Rand stehenbleibende Steg einer solchen Belastung nicht gewachsen ist. Je nach Lage des Spannungsgefälles und der Werkstoffart klemmt sich der Steg zwischen Schneidplatte und Stempel oder er weicht, sich verkrümmend, vor dem Stempel aus.

a) Zur Vermeidung von Störungen muß also der stehenbleibende Steg eine bestimmte Mindestgröße haben. Ein bestimmtes Maß an Werkstoffverlust ist daher nicht zu unterschreiten. E. Kaczmarek empfiehlt die Stegbreiten nach Bild 68. Noch ausführlicher sind die Angaben von A. Schroeder [21] (Tab. 5). Bei Metallen, die stark zum Fließen neigen, wie z.B. Kupfer, Zinn usw., vervielfacht man diese Werte mit $1,15 \cdots 1,2$. Beim Schneiden mit Seitenschneidern ist eine weitere Vergrößerung um das 1,5fache zweckmäßig, wenn man unbedingt sicher gehen will oder muß, z.B. bei selbsttätigen Pressen.

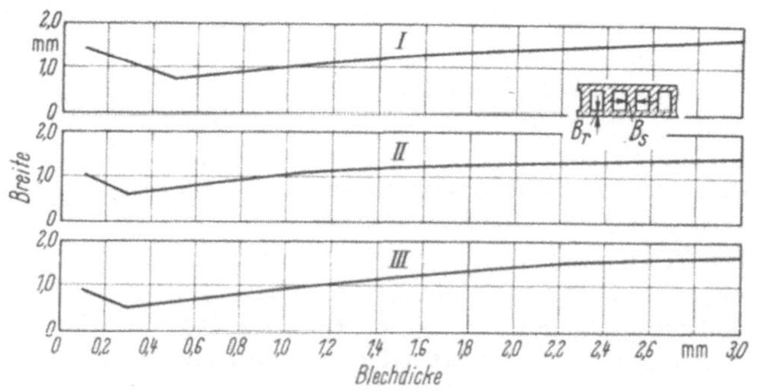

Bild 68. Abhängigkeit der Stegbreiten von der Blechdicke
(nach E. Kaczmarek).

I Seitenschneiderabschnitt; *II* Stegbreite B_s zwischen zwei Schlitzen;
III Stegbreite B_r zwischen Blechrand und Stempel.

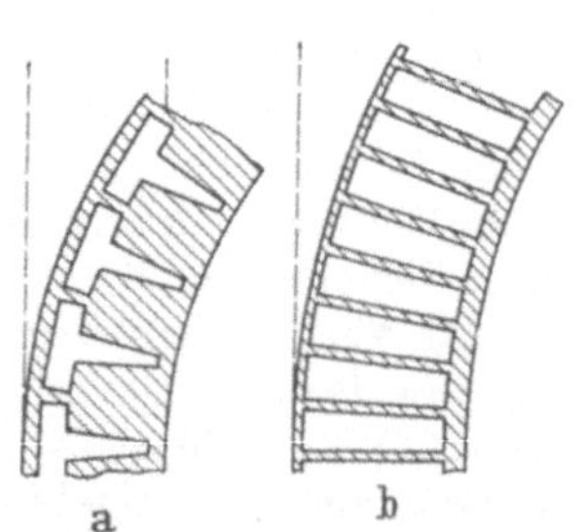

Bild 69 a u. b. Die gestrichelten Linien zeigen den Verlauf der Steifenränder vor dem Schneiden. Die Abbiegung ist der Deutlichkeit halber übertrieben.

b) Ausgleich der Kräfte am Streifenrand. Mit der richtigen Bemessung der Stegbreite allein wird man jedoch nicht immer aller Schwierigkeiten Herr werden können. Bei sehr ungleichmäßiger Verteilung der Schneidkraft über die Streifenbreiten, durch die Stempelform bedingt (Bild 69), werden sich die Wirkungen der Kraftfortleitung entsprechend ungleichmäßig bemerkbar machen und den Streifen unter Umständen in seiner Längsrichtung verziehen. Dieselben Erscheinungen können selbst bei rechteckigem Umriß der Schlitzform auftreten,

Tabelle 5. *Erfahrungswerte für Steg- und Randbreiten* (nach A. SCHRÖDER [21])

Ausschnitt	Werkstoff (Maße in mm)		
	Metall	Leder, Webstoff, Preßspan, Bakelit	Bakelit-Hartpapier

Rund

	Metall	Leder, Webstoff, Preßspan, Bakelit	Bakelit-Hartpapier
Mindest-Durchmesser	s	$0,8\,s$	$0,8\,s$

Stegbreite St_b — Metall:

St_b	s	Lochzahl
$\geqq 1$ $= s$	< 1 > 1	2
$> 1,5\,s$	—	> 2

Stegbreite St_b — Leder, Webstoff, Preßspan, Bakelit:

St_b	s	Lochzahl
$\geqq 2$ $= 2\,s$	< 1 > 1	2
$> 3\,s$	—	> 2

Stegbreite St_b — Bakelit-Hartpapier:

St_b	s
$1,6\,s$ $= s$	$\leqq 0,5$ $> 0,5$

Randbreite R_b:

Metall	Leder, Webstoff, Preßspan, Bakelit	Bakelit-Hartpapier
$\geqq s$	$\geqq 1,5\,s$	siehe Tabelle rechts

Randbreite R_b — Bakelit-Hartpapier:

R_b	s
$2\,s$ $1,25\,s$	$\leqq 0,5$ $> 0,5$

Rechteckig

Stegbreite St_b:

$St_b = R_b$	s
1,8	0,1
1,6	0,2
1,4	0,3
1,0	0,5
1,1	0,8
1,2	1,0
1,4	1,5
1,6	2,0
1,8	2,5
2,0	3,0
2,2	3,5
2,4	4,0
2,6	4,5
2,8	5,0
3,0	5,5
3,2	6,0

$St_b = R_b$	s
3,6	0,1
3,2	0,2
2,8	0,3
2,0	0,5
2,2	0,8
2,4	1,0
2,8	1,5
3,2	2,0
3,6	2,5
4,0	3,0
4,4	3,5
4,8	4,0
5,2	4,5
5,6	5,0
6,0	5,5
6,4	6,0

Die Werte (St_b) gelten für eine Streifenbreite sowie Teilung bis zu 70 mm

Versuchsergebnisse für Blattdicke $s = 0,5\cdots4$ und Steglänge L bis 100:
$$St_b = (0,0104\,L + 0,167)\,s + 2,25 - 0,0156\,L.$$

Mindestbreite für St_b

L	s		
	0,5	1	1,5
10	2,5	2,5	2,5
20	3,0	3,0	3,5
30	3,0	3,5	3,5
50	3,5	3,5	4,0
70	4,0	4,5	5,0
100	4,5	5,0	6,0

L	s		
	2	2,5	3
10	3,0	3,0	3,0
20	3,5	3,5	4,0
30	4,0	4,0	4,5
50	4,5	5,0	5,0
70	5,5	5,5	6,0
100	6,5	7,0	7,5

Randbreite R_b (Rechteckig):

R_b	s
$2\,s$ $1,25\,s$	$\leqq 0,5$ $> 0,5$

wenn der Stempel nicht genau in der Mitte des Streifens durchstößt (Bild 69b) und zwar wird sich die Seite verlängern, an welcher der Stempel die geringste Entfernung vom Streifenrand hat. Die Kräfte sind so groß, daß dabei im Wege stehende Anschlagstifte usw. abgeschert werden können. Wollte man nun den Streifen ein zweites Mal durch das Werkzeug gehen lassen, um den Werkstoff vollständig auszunutzen, so hätte man mit Schwierigkeiten in der Werkstoffzufuhr, also mit Zeitverlust, zu rechnen. Abhilfe kann hier so geschaffen werden, daß man die ungleichmäßige Kraftverteilung auszugleichen sucht, z. B. indem man durch einen zweiten gleichen Stempel, spiegelbildlich zum ersten angeordnet, an der anderen Seite des Blechstreifens die gleiche Dehnung hervorruft. Ist dies nicht möglich, so bringt man an der ungestreckten Bandseite einen einfachen meißelförmigen Stempel an, der den Werkstoff nicht durchdringt, sondern nur um das Maß streckt, das zur Geradehaltung des Streifens notwendig ist [*31*: Teil 2, VDI 3367]. Den besten Überblick gibt vielleicht das Diagramm Bild 70 von Schuler.

c) Springender Vorschub bei Mehrfachschnitten. Bei Mehrfachschnitten sind derartige Fließerscheinungen besonders störend, namentlich dann, wenn große Genauigkeit in den Größenabmessungen und an den Schnittflächen verlangt wird. Die oben angegebenen Werte für die Stegbreite würden in diesem Fall nicht genügen. Man hilft sich dann nach Bild 71:

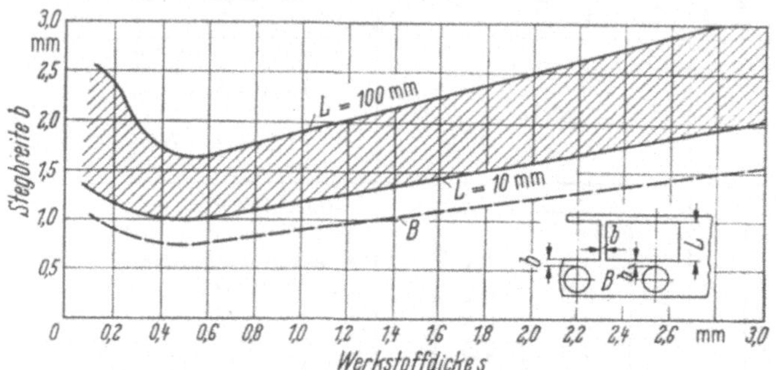

Bild 70. Bemessung der Stegbreite. Sie hängt von der Art des Werkstoffes und der Länge des Steges ab.
Längenbereich zwischen $L = 10$ bis 100 mm schraffiert. Gestrichelte Linie gibt Stegbreite zwischen Bögen B an (Schuler-Handbuch, S. 15).

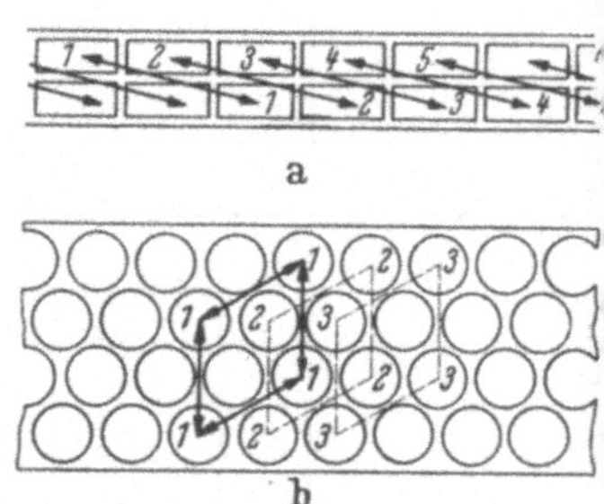

Bild 71 a u. b.
Springender Werkstückvorschub.

Anordnung a: In jeder Streifenbreite arbeitet nur ein Stempel, und zwar so, daß der zweite erst beim dritten Vorschub in die Höhe des ersten kommt. Dadurch wird der erforderliche Raum zwischen den Einzelschnitten geschaffen, der die gegenseitige Beeinflussung und Verstärkung der Fließerscheinungen zwischen gleichzeitig arbeitenden Stempeln gefahrlos macht. Der Werkstoff ist in einem Durchgang aufgeschnitten.

Anordnung b: Hier ist dieses Schema mehrfach angelegt. Außerdem ergibt sich eine Abweichung insofern, als die Ausschnittform zum vollständigen Aufschneiden des Werkstoffes ein Versetzen von zwei Stempeln erfordert. Die vier Arbeitsbänder, aus denen sich der Streifen zusammensetzt, überdecken sich zum Teil. Rechtwinklig zur Vorschubrichtung sind auf gleicher Höhe zwei Stempel so angebracht, daß ein Arbeitsband zwischen ihnen liegt. Bei Anwendung dieses Verfahrens ist zu untersuchen, ob der Stempelabstand brauchbare Herstellungs- und Betriebsbedingungen zwischen den beiden Stempeln ergibt. Die beiden anderen Stempel arbeiten in den übrigbleibenden Arbeitsbändern. Untereinander sind sie denselben Verhältnissen unterworfen wie die beiden ersten. Zwischen dem zweiten und dritten Vorschub erreichen diese Lochungen die Höhe der ersten. Dieser Zwischenraum läßt sich um eine beliebige Zahl von Vorschublängen vergrößern. Die Betriebsverhältnisse hat man also vollkommen in der Hand. (Siehe auch [*31*].)

31. Werkstoffederung und Maßhaltigkeit. Wie gezeigt, fällt der einflußreichste Teil des Schneidvorganges in das Gebiet des Fließens (s. Bild 59). Aber um in diesen Bereich zu gelangen, muß man zuvor die Zone der *federnden* Formänderung durchdringen. Soll ein Streifen, der entsprechend Abschnitt 28 verbogen ist, weiterverarbeitet werden, so muß der Stempel das Blech erst richten, ehe es in der Schneidplatte ein Widerlager findet. Bei diesem Richtvorgang gleitet der Werkstoff (s.

Bild 67) an den Schneiden entlang und beeinträchtigt durch die hervorgerufene
Reibung die Schneidenschärfe. Die elastische Formänderung wurde schon als Ursache für die äußeren Reibungsarten gekennzeichnet. Auch bei den auftretenden
Verziehungen am Werkstoff wurde sie als beteiligt erwähnt. Schließlich muß aber
ihr Einfluß auf die Maßhaltigkeit des Schnitteils untersucht werden. Solange die
Werkzeugteile nicht in das Blech eingeschnitten haben, weicht der Werkstoff unter
dem Zusammenpressungsdruck, an den Schneiden vorbeigleitend, nach außen aus,
streckt sich also. Bei dicken Werkstoffen und kleinen Stempelabmessungen können
diese Bewegungen, an den Toleranzen des Passungssystems gemessen, beträchtlich
sein. Sie treten nach der Entlastung und der Zusammenziehung des Werkstoffes als
Maßverkleinerung des Loches und Ausschnittes in Erscheinung. Ist die Reibung
zwischen Schneide und Werkstoff groß genug, um ein Weggleiten verhüten zu
können, so beschränkt sich das elastische Ausweichen auf die mittleren Schichten
des Werkstoffes mit der Wirkung, daß die hergestellten Schnittflächen nach innen
eingezogen sind (s. Bild 98).

32. Genauschneiden [*12*]. Aus den oben
geschilderten Vorgängen in und am Werkstoff kann man die *Möglichkeiten des Ge-
nauschneidens* ablesen: Werkstücke, die
genau maßhaltig sind, eine saubere, glatte
Oberfläche ohne Verzug und Grat haben
und bei denen die Schnittflächen zur Blech-
oberfläche senkrecht stehen, so daß sie
Passungsfunktionen übernehmen können.
Diese Forderungen werden meist nicht
alle gleichzeitig und auch nicht am ganzen
Umfang des Werkstückes gefordert.

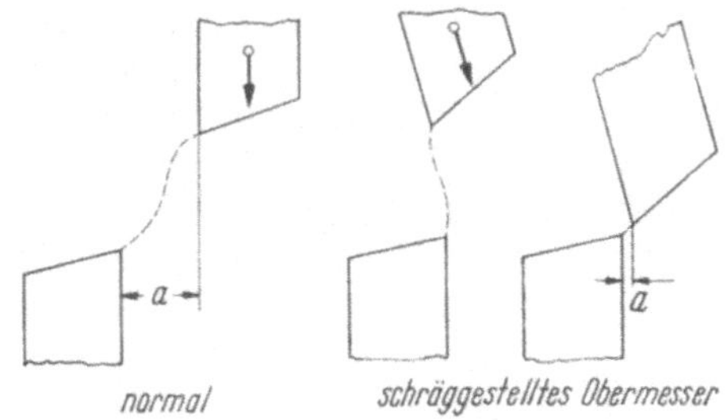

Bild 72. Senkrechte Schnittfläche beim
Scherschneiden.

a) Senkrecht stehende Schnittflächen erzeugt man unter der Schere dadurch, daß man durch Schrägstellen des Obermessers nach Bild 72 das Spiel zwischen den Schneiden verkleinert und damit die Schnittfläche aufrichtet. Ergebnis:
Tangente im Wendepunkt der S-förmigen Schnittfläche steht nahezu senkrecht. –
Bei *Lochschnitten* kann man durch Umschlagen des Bleches ähnliches erreichen:
Nachdem der Stempel
etwa um ¹/₄ der Blech-
dicke in den Werkstoff
eingedrungen ist, wieder-
holt man dasselbe von
der bisherigen Unterseite
her (Bild 73). In einem
dritten Arbeitsgang ist
schließlich der Putzen
auszustoßen und die
Schnittfläche zu glätten.

**b) Schwierigkei-
ten.** In den Abschnitten

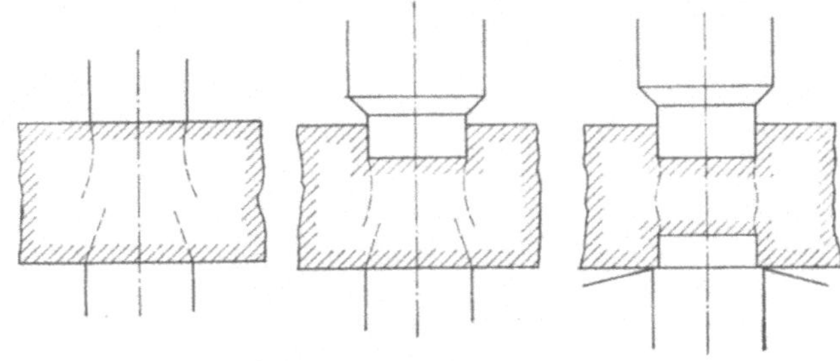

Bild 73. Russischer Vorschlag für das Lochen mit senkrechten Wandungen
durch Umschlagen.

23ff. ist die Art und Größe der Belastung des Werkstoffes während des Schneidvorganges aufgezeigt. Die damit verbundenen elastischen Formänderungen usw.
sind die *Ursache von Ungenauigkeiten* bzw. Abweichungen der Werkstückform von
den Abmessungen des Werkzeugs. Deshalb kann man das Werkstück mit einem
kleinen Übermaß herstellen und dann unter geringem Kraftaufwand und dem-
entsprechend niedrigeren ungewollten Formänderungen nachschneiden. Man kann

dann mit engeren Spielen arbeiten und sich so an eine genauere Werkstückform heranarbeiten. Wo ein Nacharbeitungsvorgang nicht genügt, muß dies Verfahren wiederholt angewandt werden (Bild 74).

Wo Werkstücke und Lochungen gleichzeitig innen und außen nachzuschneiden sind, läßt man den Stempel etwa 1 mm in die Schneidplatte eintreten. Die entstehenden Späne werden freigeschnitten und können leicht entfernt werden.

Kehrt der Stempel etwa 0,1 bis 0,2 mm vor Eintritt in die Schneidplatte um, so muß er bei dünnen Werkstoffen in seinen Abmessungen denen des ausgeschnittenen Werkstückes, d. h. Fertigmaß plus Nachschneidezugabe, entsprechen. Wegen der Späneentfernung setzt man dieses Verfahren vorwiegend für das Nachschneiden von Außenumrissen ein. Die hierfür eingesetzten Pressen müssen eine sehr genaue Hubeinstellung haben. Um ein Nachschlagen zu verhindern, verwendet man zweckmäßig Aufschlagstifte oder Aufschlagleisten.

Beim Schabeschneidwerkzeug entsprechen die Maße der Schneidplatte dem Fertigmaß des Werkstückes.

Wenn es nur darauf ankommt, Schnittflächen zu glätten, soll *nicht* geschnitten und geschabt werden. Deswegen erübrigen sich dann die Schneidkanten an der Schneidplatte. Sie werden durch Abrundungen ersetzt. Der Stempel darf dann nur so weit in den Durchbruch der Schneidplatte eindringen, wie es dem Abrundungsradius der Schneide entspricht.

c) **Anzahl der Arbeitsgänge.** Für das obige Verfahren (Schneiden – Nachschneiden – Schaben – Glätten) sind mindestens 2 Arbeitsgänge mit mindestens 2 verschiedenen Werkzeugen erforderlich. Selbst bei Ausführung in Folge- oder Verbundwerkzeugen ist das natürlich umständlich und das Bestreben erklärlich, das Genauschneiden in einer Arbeitsstufe durchzuführen. 3 Möglichkeiten bieten sich an:

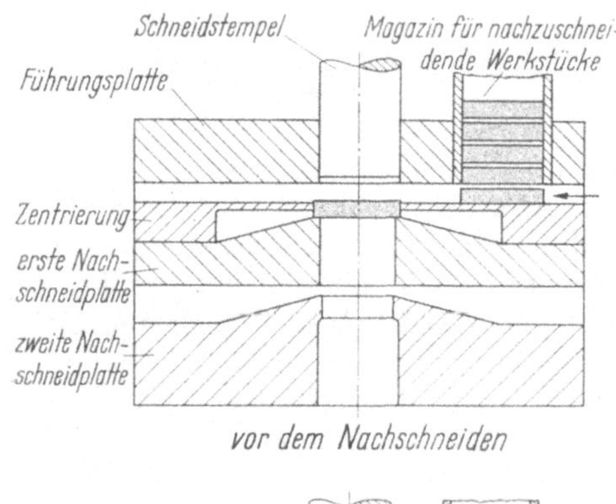

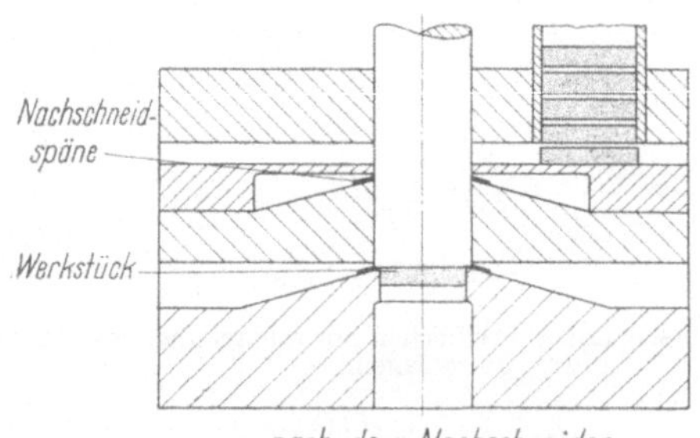

Bild 74. Schematische Darstellung des mehrmaligen Nachschneidens mit Verbundwerkzeug.
Der Stempel dringt beim 1. Nachschneiden in den Durchbruch der Schneidplatte ein. Vor dem Durchbruch der 2. Schneidplatte erreicht er in 0,1 bis 0,2 mm Höhe vor der Schneidplatte seine Tieflage [12].

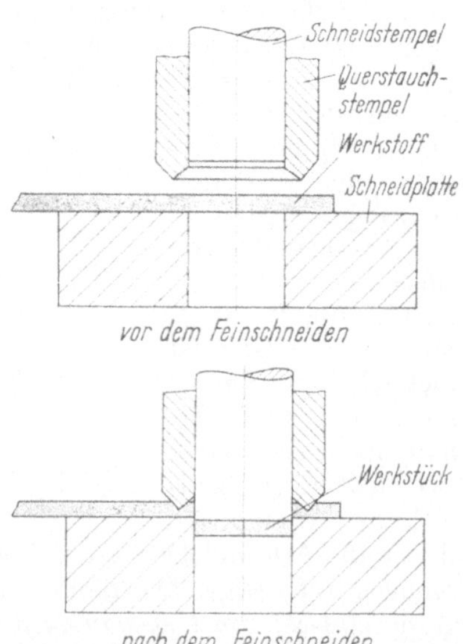

Bild 75. Schematische Darstellung der Querstauchung durch einen den Schneidstempel umgebenden Querstauchstempel (nach OEHLER).

1. Versuche haben ergeben, daß Werkstücke mit glatten und zu den Oberflächen senkrecht stehenden Schnittflächen aus 2···10 mm dickem Stahlblech in
einer Arbeitsstufe geschnitten werden können, wenn der Radius der Schneid-
kantenabrundung der Schneidplatte 1 mm und der Schneidspalt 0,01 mm beträgt.
Beim Ausschneiden muß die Schneidkante der Schneidplatte, beim Lochen die des
Schneidstempels abgerundet werden [12].

2. Es war gesagt, daß beim Schneiden die Formgebung in der Fließzone erfolgt. Dann
kann man den Fließzustand auch zur Ausbildung von Gegenmitteln gegen die Formänderung einsetzen. Das geschieht durch Schneiden mit Querstauchung (Bild 75) [16].

3. Manchmal genügt es, der Fließneigung des Werkstoffes entgegenzuwirken.
Das kann geschehen durch eine gezahnte Platte (Bild 76) oder durch Erzeugung einer sehr großen Reibung zwischen
dem Festhalter und dem Werkstoff (Bild
77), durch Ringfederpakete usw. [17].

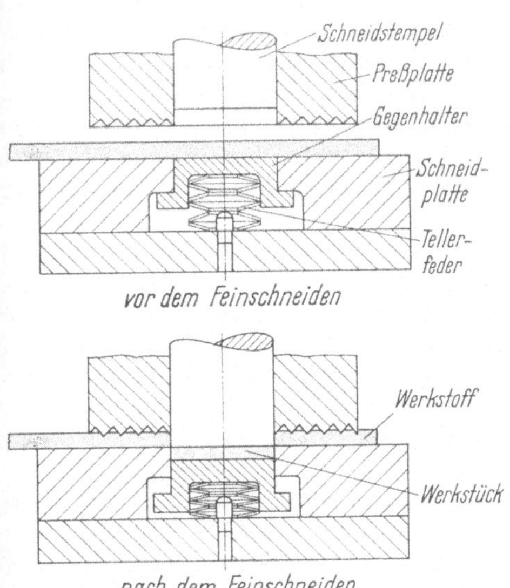

Bild 76. Schematische Darstellung, wie man der Fließneigung durch Pressen mit einer gezahnten Platte
entgegenwirken kann.

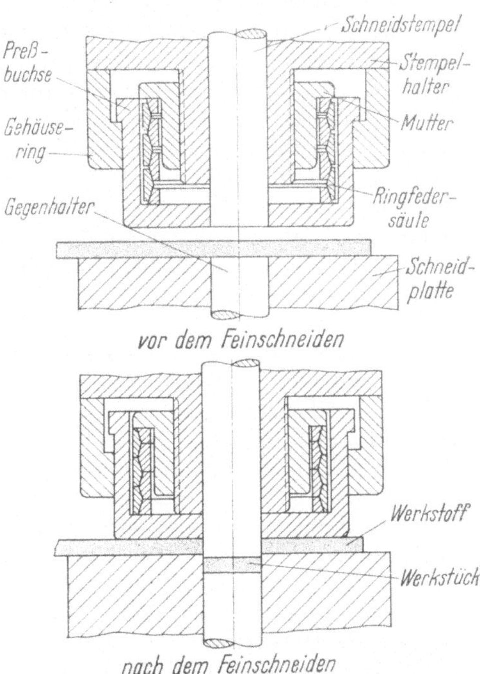

Bild 77
Festhalten des Werkstoffes zur Verhinderung einer
Querdehnung durch den Druck von Ringfedern usw.

d) Gegenüberstellung der beiden Verfahren „Nachschneiden" und „Feinschneiden":

	Feinschneiden	Nachschneiden
Kraftbedarf	1,5- bis 2fache Schneidkraft	Ein Teil davon
Werkstoff	Großes Formungsvermögen erforderlich	Fast sämtliche Metallarten, die sich schneiden lassen
Gewünschte Qualität der Schnittfläche	1 Arbeitsgang mit 1 Werkzeug	Mindestens 2 Arbeitsgänge mit mindestens 2 Werkzeugen
Werkzeugherstellung	Besondere Herstellungstechnik	Nachschneidewerkzeuge in jedem ordentlichen Werkzeugbau
Maschinen	Dreifachwirkende Spezialpressen	Exzenterpressen u. ä. Schwingschneidpressen

33. Schneidfähigkeit der Werkstoffe. Viele Werkstoffe sind für die Beanspruchungen beim Schneidvorgang nicht geeignet. Der Werkstoff muß in der Lage sein, so viel Formänderungsarbeit unter dem Einfluß der Druckkräfte in sich aufzunehmen, bis die Schubbeanspruchung einen Wert erreicht, der die Festigkeitsgrenze übersteigt und den Stoff längs der gewünschten Linie abtrennt. Andernfalls wird der Werkstoff zerbersten, platzen, sich spalten. Ist die Sprödigkeit des Werkstoffes nicht so groß, daß er für eine Bearbeitung durch Schneiden ganz ungeeignet ist, so birgt doch ein harter Werkstoff die Möglichkeit in sich, daß im Augenblick des Bruches oder nachher, wenn der Stempel als Stoßstahl wirkt, sich vom Werkstoff kleine spanartige Teilchen lösen. Diese bekommen Bedeutung, wenn sie nicht wegfallen, sondern sich zwischen die Werkzeugteile (Stempel, Schneidplatte, Abstreifer, Auswerfer) klemmen.

34. Schneiden mehrerer Lagen. Bei Werkstoffen, die mit Messern nach Bild 97 bearbeitet werden, ergibt sich dabei keine Änderung der Arbeitsverhältnisse. Nach einem kurzen Zusammenpressen, durch die lose Schichtung bedingt, verläuft die Widerstandskraft nach der gewohnten Kurve bis zum Schneiden. Bald hierauf macht sich der Einfluß der nächsten Lage geltend. Das Spiel beginnt von neuem, jedoch in einer höheren Lage der Kräfte, usf. In der Gesamtheit wirkt solch geschichteter Werkstoff wie Pappe, bei der die Widerstandskraft gegen Ausknicken durch Trennung der einzelnen Lagen auf einen geringen Wert herabgesetzt ist. Mit zunehmender Zahl der Lagen bei derselben Gesamtstärke sinkt daher der notwendige Kraftbedarf erst stark, allmählich immer langsamer. Beim Umrißmesser wächst der Schneidwiderstand etwa geradlinig mit der Zahl der Lagen, beim Lochmesser bedeutend schneller.

Die Verwendung von zweiteiligen Schneidwerkzeugen ändert bei mehreren Lagen die Arbeitsbedingungen insofern, als der Stempel nur bei der ersten Lage das eigentliche Schneidwerkzeug ist; bei den übrigen dagegen vertritt die darüberliegende Lage die Stelle des Stempels. Da es unmöglich ist, einen Werkstoff durch einen solchen gleicher Härte zu schneiden, erlebt man bei einem solchen Versuch alle Folgen eines theoretisch falschen Schneidens: Reißen der Schnittkante, keine glatte Schnittfläche, Zerquetschungen und Verbiegungen in der Werkstoffebene und als Ergebnis dieser zusätzlichen Formänderungsarbeiten einen erhöhten Kraft- und Arbeitsbedarf.

Mit Vorteil kann man dieses Verfahren dagegen verwenden, wenn Filzscheiben *und* Messingscheiben gleicher Abmessungen herzustellen sind (Bild 78) und wenn ein passendes Werkzeug für die Messingscheiben schon vorhanden ist. In diesem Falle ordnet man den Messingstreifen vor dem Schneidstempel, die Filzplatte vor der Schneidplatte an. Man muß natürlich dabei den Anschlagstift C in der oberen Führungsplatte anbringen.

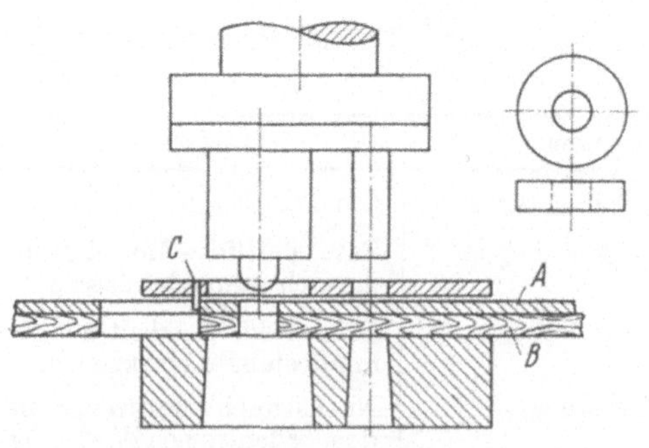

Bild 78. Gleichzeitiges Schneiden durch Messing und Filz mit Folgeschneider.
A Messing; *B* Filz; *C* Anschlagstift.

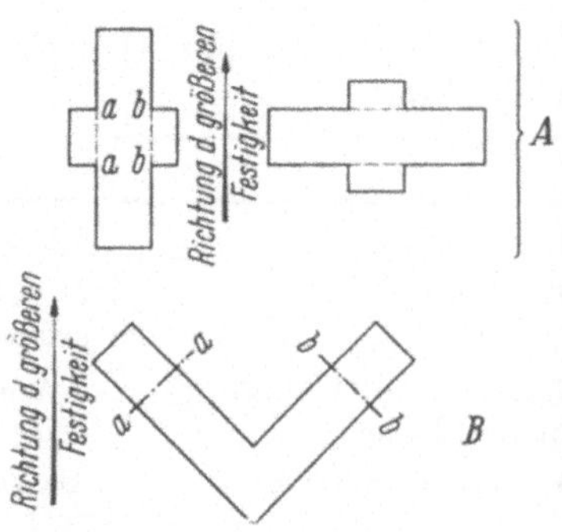

Bild 79. Blankettanordnungen.

35. Festigkeitsrichtungen im Werkstoff. Manche Werkstoffe weisen infolge ihrer Bearbeitung und Herstellung (Weben, Walzen) in zwei zueinander senkrechten Richtungen verschiedene Festigkeitswerte auf. Bei ihrer Bearbeitung durch Schneiden ergibt sich dann der größere Schneidwiderstand, wenn die Schnittlinie senkrecht zur Richtung der höheren Festigkeit verläuft, weil die Druckwirkungen des Messers senkrecht zur Schnittlinie in den Stoff dringen, die Formänderungsarbeit also gerade in Richtung der höheren Festigkeit zu leisten ist. Der geringste Kraftbedarf bei der Herstellung eines Blanketts nach Bild 79A ergibt sich dann, wenn die größeren Schnittlängen mit der Richtung der größeren Festigkeit parallel laufen (links). Soll aber bei $a-a$, $b-b$ eine scharfe Knickung durch Biegen hergestellt werden, so müßte die ganze Biegungsbeanspruchung durch einen schmalen Streifen, der nur geringen Zusammenhalt mit den Nachbarstreifen hat, aufgenommen werden. Man dreht daher in solchem Falle das Blankett im Werkstoffstreifen um 90° (rechts) und nimmt eine größere Schneidkraft in Kauf. Auch die Biegungsbeanspruchung wird höher ausfallen, aber dafür weisen die gebogenen Fasern des Werkstoffes eine höhere Festigkeit auf. Dem Bestreben, eine höchste Güte des Erzeugnisses zu erzielen, sind jedoch Grenzen gezogen durch die Streifenausnutzung und durch die Form des Blanketts; denn sind in zwei zueinander senkrechten Richtungen Biegungen herzustellen (Bild 79B), so ist der gerade beschriebene Idealfall nicht zu erreichen. Es kommt in diesem Falle darauf an, die beiden Biegungen mit der gleichen, höchst erreichbaren Güte herzustellen bzw. ihre Güte dem Grad ihrer Beanspruchung anzupassen. Dieser Forderung entspricht die gezeichnete Lage des Blanketts.

B. Schneidvorgang und Schneide

Aussehen von Werkstück und Schnittfläche, Kraft- und Arbeitsaufwand sind Gesichtspunkte, die den Werkzeugmacher vornehmlich interessieren. Vom Aussehen der Schnittfläche hängt die Entscheidung ab, ob für eine geforderte Arbeit die Schneidtechnik verwendbar ist. Der höchste Kraftbedarf ist ausschlaggebend für die Wahl des Schneidenwerkstoffes und für die Einhaltung der Festigkeits- und Formänderungsgrößen der Maschine. Durch den Arbeitsbedarf werden die Bewegungsgrößen, also die des Schwungrades, des Motors usw. und schließlich die Wirtschaftlichkeit des Schneidvorganges bestimmt.

36. Kraftbedarf. Die Höhe des Kraftaufwandes ist aus Festigkeitsformeln für die Schubfestigkeit nicht zu errechnen, weil diese Formeln gar keine Rücksicht auf die tatsächlich auftretenden Vorgänge nehmen, von Schneidgeschwindigkeit, Schneidenschärfe und Spiel ganz abgesehen. Berechnungen dieser Art sind daher nur für rohe Überschläge brauchbar. Bei solcher Berechnung wird der Schneidwiderstand W in kp proportional dem Trennungsquerschnitt angesetzt mit

$$W = U \cdot s \cdot K,$$

worin U die Länge der Schnittlinie in mm, s die Werkstoffdicke in mm, K die Stoffzahl als Scherfestigkeitswert in kp/mm² bedeutet (Tab. 6). Beim Kreuzend-Schneiden mit Neigungswinkel φ, nimmt die obige Formel die Form an

$$W = \frac{0{,}225 \cdot s^2}{\tan \varphi} \cdot K.$$

37. Leistungsbedarf. a) Eine Faustformel gibt den Leistungsbedarf von Lochmaschinen mit $N =$ Blechdicke (mm) $\times$ Lochdurchmesser (mm) $\cdot \dfrac{1}{60}$ PS an.

Tabelle 6. *Scherfestigkeit (K) verschiedener Werkstoffe*[1]

Art des Werkstoffes	K in kp/mm² weich	hart	Art des Werkstoffes	K in kp/mm² weich	hart
1. Stahl			**3. Nichteisen-Metalle**		
Stahl mit C-Gehalt			Blei	2	3
0,1% –	25	32	Gold	18	30
0,2% –	32	40	Kupfer	18…22	25…30
0,3% bei 20 °C	36	48	Messing Ms 63 und Ms 72	22…30	35…40
0,3% bei 100 °C	40…48	–	Messing federhart	–	50…60
0,3% bei 200 °C	50…60	–	Monel (67% Ni; 28% Cu;		
0,3% bei 300 °C	45…55	–	5% Mn + Fe)	45	70
0,3% bei 400 °C	35…42	–	Neusilber	28…36	45…55
0,3% bei 500 °C	22…28	–	Platin	20	35
0,3% bei 600 °C	9…12	–	Silber	32	
0,4% –	45	56	Walzbronze	32…40	40…60
0,6% –	56	72	Zink	12	20
0,8% (fast federhart)	72	90	Zinn	3	4
1,0% (fast federhart)	80	105	**4. Nichtmetallische Werkstoffe**		
Chromnickelstahl	56	60	Asbest	2…3	
(18…20% Cr; 7…12% Ni			Filz	1…2	
0,1…0,4% C; Rest Eisen)			Glimmer 0,5 mm dick	8	
Nickelstahl (25% Ni; Rest Fe)	50		Glimmer 2,0 mm dick	5	
Siliziumstahl	45	56	Gummi	0,6…1,0	
St I…III 23, St IX 23	30	35	Hartgummi	2…6	
St V 23	24	30	Holz		
St VI 23	24	30	Birkensperrholz	2,0	
St VII 23	24	30	Buchenholz	1,0…2,0	
St VIII 23 t	25	32	Kiefernholz	1,0	
St VIII 23 K, St X 23	25	32	Lindenholz	1,0…1,5	
			Tannenholz	0,6	
2. Leichtmetalle			Klingerit	4	
Al 99 und Al 99,5	7…9	13…16	Kunstharz		
Alulegierungen (DIN 1725)			rein	2,5…3	
Al–Cu–Mg	22	38	Gewebe	9	
Al–Mg–Si	20	30	Hartpapier	10…13	
Al–Mg 3	15	20	Leder bis 2 mm	0,6…0,8	
Al–Mg 5	19	24	Papier 0,25 mm	16	
Al–Mg 7	24	30	Lagen zu 5 Bogen je 0,25 mm	4,5	
Al–Mg 3–Si	10	15	Lagen zu 10 Bogen je 0,25 mm	2,3	
Al–Mg–Mn	14	18	Lagen zu 20 Bogen je 0,25 mm	1,4	
Al–Mn	8…12	14…20	Holzpapier	2…2,5	
			leichte Pappe	3…5	
			graue Pappe	5…6	
			Lederpappe	7…10	
			Zelluloid	4…6	

b) Legt man der Leistungsberechnung den nach Abschnitt 36 zu berechnenden Schneidwiderstand zugrunde, so kommt man zu der Gleichung

$$N = \frac{W \cdot v}{75} \cdot \frac{1}{\eta}\,\text{PS},$$

wenn W der größte Schneidwiderstand, v die Schneidgeschwindigkeit, η der Wirkungsgrad der Maschine (0,5…0,7) ist.

    c) Firma *Schuler* [22] bestimmt Schneidkraft und Schneidarbeit aus besonderen Leitertafeln.

    d) Den sichersten Weg, um zu verläßlichen Werten zu gelangen, geht man, wenn man das Kraft-Weg-Diagramm aufnimmt und ausmißt.

---

[1] Zum größten Teil aus Schuler-Taschenbuch.

38. Werkstoff der Schneiden: Festigkeit und Zähigkeit. Der Werkstoff des Werkzeuges muß immer härter sein als der zu bearbeitende, damit überhaupt ein Schneiden stattfindet. Er muß eine so hohe Festigkeit haben, daß ein Stauchen während der Arbeit nicht zu befürchten ist, und eine solche Härte, daß die auftretende Reibung das Werkzeug nicht zu schnell abnutzt. Das stoßende Arbeiten der Werkzeuge stellt hohe Ansprüche an ihre *Zähigkeit*, ohne die die Schneide sehr bald zersplittern würde. Für die Größenordnung der Schneidenbeanspruchung sprechen folgende Versuchsergebnisse beim Lochen von Kesselblech: Blechdicke 20 mm, Stempeldurchmesser 27 mm: gemessene Höchstkraft 65000 kp, größte Stempelbelastung also 113,6 kp/mm². – Blechdicke 20 mm, Stempeldurchmesser 20 mm: gemessene Höchstkraft 48000 kp, größte Stempelbelastung also 153 kp/mm². Interessant ist die dabei rechnerisch zu bestimmende höchste Belastung der Schneidkante des Stempels von übereinstimmend in beiden Fällen 765 kp je mm Schneidkantenlänge. Unter Berücksichtigung der schon erwähnten ungleichmäßigen Belastungsverteilung müßte man in diesem Fall also zur Sicherheit mit einer Schneidstempelbeanspruchung auf Druck von etwa 200···300 kp/mm² rechnen.

Nach den Bildern 80 und 81 [*12*] steigen Schneidkraft und Schneidarbeit mit abnehmendem Schneidspalt. Deswegen ist es nicht verwunderlich, wenn bei einem Schneidspalt von 0,01 mm an einem Schneidstempel von 2 mm ⌀ in 4 mm dickem Blech von etwa 60 kp/mm² Festigkeit derartige Stauchungen eintraten, daß er nur 57 % der Blechdicke in sie eindringen konnte bei einer Druckbeanspruchung von etwa 320 kp/mm².

39. Härte der Schneiden. Staucht sich während des Schneidens die Schneide, so wird diese Stauchung nicht gleichmäßig sein, sondern an der Kante am stärksten (von Unregelmäßigkeiten der Härtung ganz abgesehen). Nahe der Kante werden also in der Schneide neue Spannungen erzeugt. Ist außerdem der Widerstand des Werkstoffes verschieden (Ungleichmäßigkeiten in Gefüge und Dicke), so entstehen längs der Schneidkante auch noch Biegungsspannungen. Diese Beanspruchungen, zusammen mit ihren ständigen Wiederholungen, stellen sich als besonders gefährlich heraus, wenn der Werkstoffwiderstand elastische Formänderungen von solcher Höhe in den Schneiden hervorruft, daß Ermüdungserscheinungen im Schneidenwerkstoff eintreten. Zweckmäßig wäbelt man also die Werkzeughärte im Verhältnis zur Werkstoffhärte

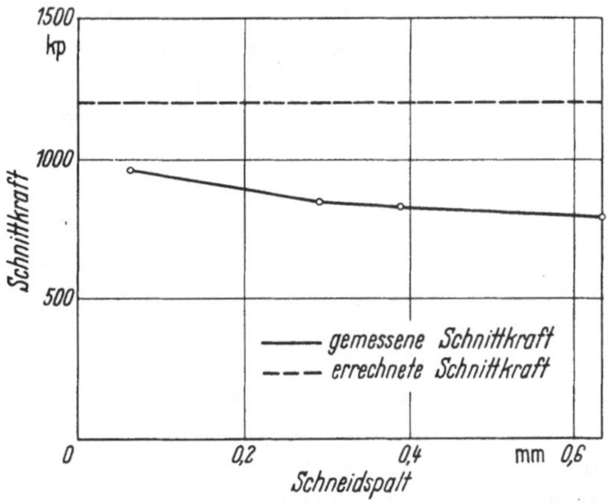

Bild 80. Schneidkraft (früher: Schnittkraft) in Abhängigkeit von der Größe des Schneidspaltes (nach KELLER).

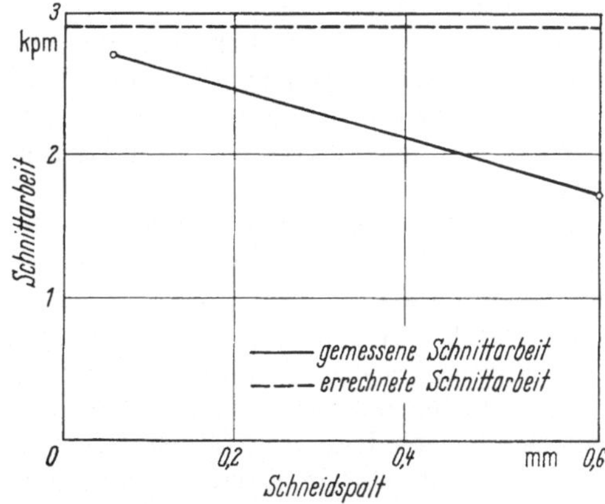

Bild 81. Schneidarbeit (früher: Schnittarbeit) in Abhängigkeit von der Größe des Schneidspaltes (nach KELLER).

möglichst groß, so daß die elastischen Formänderungen gering ausfallen; denn die hierzu notwendigen Formänderungsarbeiten dienen nur der Werkzeugvernichtung. Die zulässigen Grenzen der elastischen Formänderungen in den Werkzeugen sind um so enger zu halten, eine je größere Gesamtschnittzahl vom Werkzeug verlangt wird. Namentlich gilt dies für schwere Schneidwerkzeuge (große Blechdicke, hoher Werkstoffwiderstand).

40. Auswahl des Schneidenwerkstoffs. Nun läßt sich aber die Härte der Schneiden nicht beliebig in die Höhe treiben, weil die Schneiden mit zunehmender Härte unter Berücksichtigung der stoßenden Arbeitsweise zu spröde werden. Bei *schweren* Schneidwerkzeugen, d. h. bei der Verarbeitung von Werkstoffen mit hohem Schneidwiderstand bei großer Neigung zum Fließen und bei im Verhältnis zu den Formabmessungen großen Blechdicken, muß man mit Druck-Biegungs-Spannungen und entsprechenden Formänderungen der Schneiden rechnen und deshalb für ihre Herstellung Werkstoffe wählen, die ihrer Natur nach in der Lage sind, derartige Formänderungsarbeiten aufzunehmen, auch auf die Gefahr hin, an Verschleißwiderstand opfern zu müssen. Man wählt also niedriggekohlte Werkzeugstähle und solche legierte Stähle, die ein großes Formänderungsvermögen bei möglichst großer Oberflächenhärte zulassen.

Bei *leichteren* Schneidzeugen wird das Formänderungsvermögen nicht in Anspruch genommen, so daß man also seine ganze Aufmerksamkeit dem Widerstand gegen Verschleiß schenken und hoch härten kann. Man wählt daher Werkzeugstähle mit hohem C-Gehalt und bevorzugt bei den legierten Stählen die, welche das geringste Härtungsrisiko und die geringsten Maßabweichungen aufweisen (s. Werkstattbücher, Heft 50 [6] und Heft 59 „Stanzereitechnik III“).

Bei *weichen* Werkstoffen und bei weichem Stahl bis zu 1,5 mm Dicke ist es bisweilen wirtschaftlicher, einen Werkzeugteil weich zu lassen, den anderen dagegen so stark zu härten, wie es die Arbeitsverhältnisse gestatten. Der Einfluß des gehärteten Werkzeugteiles auf den Schneidvorgang wird dadurch gegenüber dem weicheren verstärkt. Zweckmäßig wählt man für den weichbleibenden Werkzeugteil einen Stahl, der im ungehärteten Zustande hohe Verschleißfestigkeit hat[1]. Welchen der Werkzeugteile man härtet, ist eine Herstellungs- und Betriebsfrage. Für die Härtung der Schneidplatte spricht der Umstand, daß der Werkstoff unter Reibung über sie hinweggleiten muß. Sind jedoch die Umrißformen so vielgestaltig und eng, daß der Durchbruch der Schneidplatte bei der Herstellung Schwierigkeiten macht, so härtet man den Stempel, der in der Außenform leichter zu bearbeiten ist.

41. Glätte und Sauberkeit der Schneiden. In allen Fällen – die Schneiden mögen geformt sein wie sie wollen – ist größte Sorgfalt und Genauigkeit bei der Herstellung Vorbedingung für gute Arbeit. Sie verlangt vom Werkzeugmacher ein Höchstmaß von Geschicklichkeit; denn zeigt die Schneidkante Abweichungen senkrechter Richtung, so schwanken die Keilwinkel. Da Erhöhungen den ersten größeren Widerstand zu überwinden haben und gerade an diesen Punkten die Keilwinkel am kleinsten sind, also die Schneide am empfindlichsten ist, so ist eine vorzeitige Störung zu erwarten. Abweichungen in waagerechter Ebene bedeuten Änderungen im Spiel zwischen den Schneiden. Man hat infolgedessen bei dünnen Werkstoffen mit Gratbildung, bei stärkeren mit Ungleichmäßigkeiten in der Maßeinhaltung zu rechnen. Auch der erzielte Grad von Glätte ist von größtem Einfluß auf die Schneidhaltigkeit; denn Riefen u. dgl. sind ein Zeichen dafür, daß losgerissener, aufgerissener Werkstoff oder in ihrem Zusammenhang gelockerte Schichten einen Teil der

---

[1] Siehe auch STRAUBER: Werkstoff und Wärmebehandlung der Schnittplatte [24].

Schneidkante bilden. Solche Stellen sind die Angriffspunkte der Schneidenzerstörung.

42. Freiwinkel an Stempel und Schneidplatte. a) Ein Freiwinkel ist kaum zu entbehren, wenn hohe Reibungsverluste zu erwarten sind und man infolgedessen mit Verbiegungen des ausgeschnittenen Werkstückes rechnen muß. Die einfachste Gestaltung einer solchen Schneide geben die Bilder 82 und 87 für den Stempel, Bild 83 für das Werkzeugunterteil wieder, bei der man je nach Werkstoffstärke $\alpha = {}^1/_2 \cdots 1{}^1/_2{}^\circ$ macht, wenn Stahlblech in Betracht kommt. Solche Schneiden arbeiten vorzüglich, bedürfen jedoch bald des Schleifens, weil die Schneidkante hoch beansprucht ist. Mit zunehmendem Abschleifen wird die Schneidöffnung größer. Dies pflegt meistens kaum von Einfluß auf die Schneidgenauigkeit zu sein; denn 0,15 mm, die meist für Scharfschliff verlorengehen, ergeben bei

$$\alpha = \quad {}^1/_2{}^\circ \quad {}^3/_4{}^\circ \quad 1^\circ \quad 1{}^1/_4{}^\circ \quad 1{}^1/_2{}^\circ$$

eine Vergrößerung des Spaltes von 0,00131   0,00197   0,00262   0,00327   0,00393 mm

zwischen den Schneiden. Werden bei dem vergrößerten Spalt zwischen den Schneiden die Schnittflächen nicht sauber genug, so kann man dem dadurch entgegenwirken, daß man den Stempel ein klein wenig hinter seiner Schneidkante verstärkt, ihn also mit einem – allerdings sehr geringen – negativen Freiwinkel ausstattet

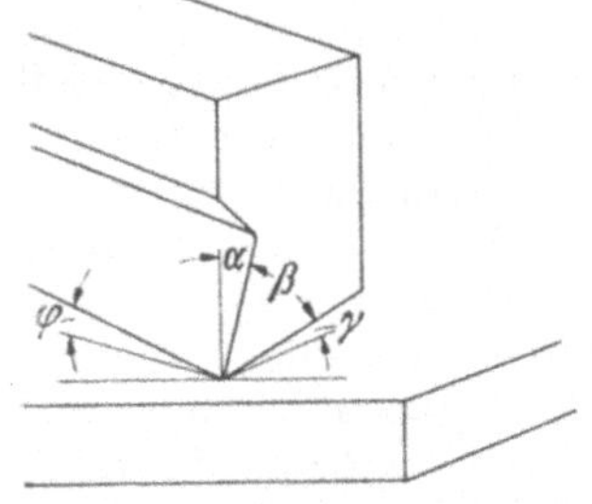

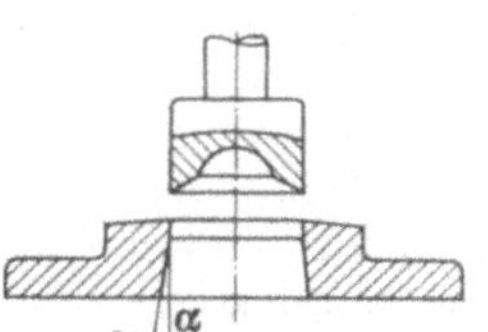

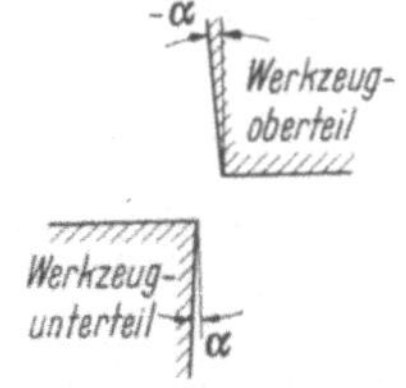

Bild 82. Winkel an der Schneide.
α Freiwinkel; β Keilwinkel; γ Zuschärfung; $\alpha + \beta + \gamma = 90^\circ$; φ beim Kreuzend-Schneiden Neigungswinkel.

Bild 83. Zweckmäßige Schneidenformen.

Bild 84. Stempel mit negativem Freiwinkel.

(Bild 84) derart, daß die Vergrößerung des Schneidplattendurchbruches dadurch wieder aufgehoben wird. Dabei werden die Ausschnitte allerdings etwas größer. Will man derartige Erscheinungen vermeiden, so läßt man die Fläche hinter der Schneidkante erst einige Millimeter senkrecht verlaufen und dann erst unter dem Freiwinkel geneigt (Bild 83). Für Stempel gilt natürlich dasselbe, doch findet man die Ausführung an Schneidplatten häufiger. Die Höhe dieser senkrechten Fläche errechnet sich aus der geforderten Schnittzahl, aus dem Werkstoffverlust von etwa 0,15 mm je Schliff und aus der Stückleistung je Scharfschliff. Eine größere Höhe als 3 $\cdots$ 5 mm kann man jedoch dieser Fläche nicht geben; denn die mit dem Schneidvorgang verbundene Reibung nützt die Fläche langsam trichterförmig aus. Es findet dann kein Schneiden, sondern ein Abquetschen statt. Dem an die Fläche anschließenden Freiwinkel gibt man eine Größe von etwa 3°. Der billigeren Herstellung wegen findet man auch Formen wie in Bild 85 (für Stempel) und in 86 (für Schneidplatten). Für das Werkzeugunterteil sind die Reibungsverhält-

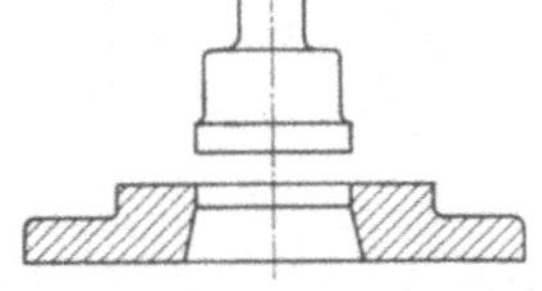

Bild 85. Billige Schneidenausführung.

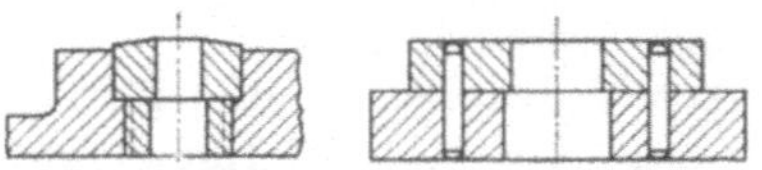

Bild 86. Billige Schneidplatten mit Freiwinkel.

nisse ganz besonders ungünstig, wenn die Schneide einen geschlossenen Linienzug darstellt und der ausgeschnittene Werkstoff nach unten wegfallen soll. In diesem Falle muß entweder das Werkzeugoberteil den Ausschnitt einzeln durch die Schneidplatte hindurchdrücken (langer Reibungsweg), oder ein ausgeschnittenes Stück muß das andere zur Schneidplatte herausdrücken (Zusatzbelastung für das Werkzeugoberteil). Für die Schneidplatte ist also der Freiwinkel von besonderer Wichtigkeit.

b) Nachteile eines Freiwinkels. Eingeengt wird seine Anwendung, weil er die ohnehin hochbeanspruchte Schneide schwächt. Bei schweren Schneidzeugen ist weiter zu beachten, daß die Reibung nicht nur beim Schneiden selbst, sondern auch bei der Rückwärtsbewegung des Stempels überwunden werden muß. Durch das Spiel zwischen den Schneiden wird das hergestellte Loch kegelig. Diese Erscheinung verstärkt sich noch, wenn man dicken Werkstoff hoher Elastizität verarbeitet, weil nach der Trennung der den Stempel umgehende Stoff sich wieder zusammenzieht und das Loch noch mehr verengt (Bild 87). Der Stempel hängt also regelrecht in dem von ihm hergestellten Loch und muß während des Abstreifens neben der Reibungsarbeit auch noch Formänderungsarbeit leisten, die sich meistens nicht nur auf die Trennfläche beschränkt, sondern auch den umgebenden Stoff verbiegt. Die Schneiden verschleißen dabei vom Rücken her. Kommt dann noch hinzu, daß das Loch wegen seiner kegeligen Form nachgearbeitet werden muß, so *vermeidet* man den Freiwinkel, damit der zylindrische Stempelschaft das Loch während des Fließvorganges formen kann, bei großer Federung des Bleches wendet man sogar einen negativen Freiwinkel an, um durch das Nachdrücken des kegeligen Stempels ein Fließen in dem bereits durchschnittenen Werkstoff zu bewirken, damit die Elastizität zu überwinden und eine bleibende Formänderung zu erzielen.

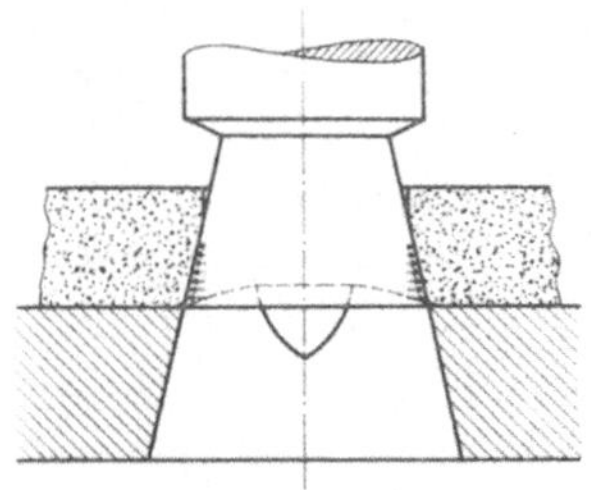

Bild 87. Werkstoff hängt am Stempel mit den Freiflächen.

c) Ähnliches gilt für die **Schneidplatte.** Genügt die beim Schneiden erreichte Glätte der Trennungsfläche nicht den gestellten Anforderungen, so kann man mit Hilfe von Schlicht- und Polierwerkzeugen diesen Mangel abstellen. *Schlichtwerkzeuge* (verengertes Spiel): Die Schneidplatte erhält genau die geforderten Abmessungen des Werkstückes. Der Stempel wird so groß gehalten, daß er eben noch in die Schneidplatte geht. Bei 5 mm dickem weichem Stahl genügen 0,07 bis 0,08 mm Spalt längs der Schneidkante. Die Schneidplatte wird so sauber wie möglich poliert und läuft kegelig aus, um das Herausfallen des fertigen Werkstückes zu erleichtern. Wichtig ist eine genaue Zuführung, damit rund herum gleichviel Werkstoff abgeschabt wird. Das Werkstück bekommt ein so sauberes Aussehen, wie wenn es von der Fräsmaschine käme. *Polierwerkzeuge* (negativer Freiwinkel): Anschließend kann man das Werkstück durch ein Werkzeug gehen lassen, das dem obigen gleicht mit dem Unterschied, daß es statt der kegeligen Erweiterung der Schneidplatte hinter der Schneidkante eine geringe Verengerung um etwa 0,05 mm längs der Schneidkante zeigt. Die Schneidplatte muß sehr sauber poliert und stark gehärtet werden. Die Wirkung des Werkzeuges beruht darauf, daß die Kanten des Werkstückes infolge des zum Durchpressen notwendigen Druckes etwas gestaucht werden und daß die so erzeugte Reibung poliert.

43. Spitzer Keilwinkel. In Bild 21 sind Schneiden mit rechtem und mit spitzem Keilwinkel gegenübergestellt. Ein Schneidversuch mit Kupfer 15 × 15 mm ergab für die Keilwinkel $\beta = 90°$ und $\beta = 85°$ den Weg-Kraft-Verlauf Bild 88.

a) Vorteile des spitzen Keilwinkels. Die zur gegenseitigen Annäherung der Schneiden notwendige Kraft wächst mit der Eindringungstiefe der Schneiden in den Werkstoff – wenigstens bis zu einem bestimmten Punkt. Setzen nun Schneiden mit spitzem Keilwinkel auf den Werkstoff auf, so werden zunächst die an der Schnittebene gelegenen Kanten der Schneiden die Kraftübertragung übernehmen und erst allmählich die unteren Flächen dazu herangezogen werden. Bei den Schneiden mit 90° Keilwinkel nehmen sofort die ganzen unteren Flächen, soweit es Elastizität von Werkzeug und Werkstoff erlauben, an der Kraftübertragung teil. In demselben Maße wird sich der Fließvorgang bei spitzem Keilwinkel auf eine viel geringere Werkstoffbreite als beim 90°-Keilwinkel erstrecken. Da nun Fließen in diesem Falle ein Abgleiten von Werkstoffschichten über andere unter dem Einfluß hoher Druckkräfte ist und dies Fließen nicht in der allgemeinen Kraftrichtung, sondern unter einem Winkel zu dieser erfolgt, so sind erhebliche innere Reibungsarbeiten zu leisten. Je geringer also die durch Fließen verursachte Formänderung ist, desto geringer muß auch die zur Trennung aufgewandte Arbeit sein, desto mehr muß sich die Schnittfläche der Schneidebene nähern. Die zur Trennung notwendige Höchstkraft ist bei dem obenerwähnten Versuche (Bild 88) um etwa 22%, die aufzuwendende Arbeit um etwa 25% bei $\beta = 85°$ niedriger als bei $\beta = 90°$.

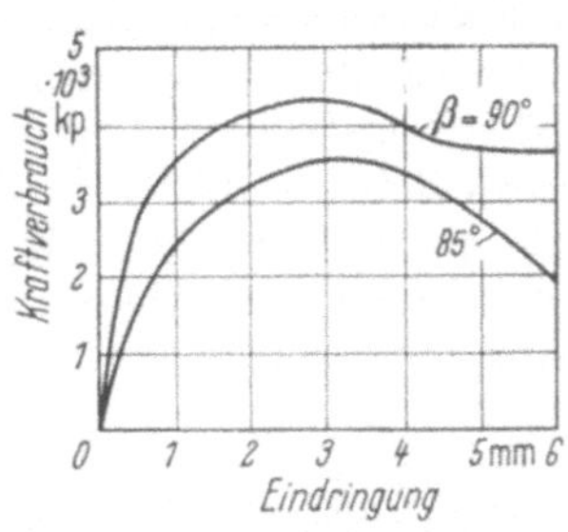

Bild 88. Kraftverbrauch in Abhängigkeit von der Eindringungstiefe für Kupfer bei $\beta = 85$ und $90°$.

b) Der **Nachteil spitzer Keilwinkel** liegt in der hohen Schneidenbelastung und ihrer Folge, dem Schartigwerden der Schneidkanten. Unter dem Einfluß der eingeleiteten Kraft P (Bild 89) entsteht das auf den Werkstoff wirkende Kippmoment $P \cdot l$, dem mangels anderer äußerer Kräfte (Niederhalter, vgl. Abschn. 2) beim Kippen des Werkstückes nur das Drehmoment $P_w \, b$ entgegenwirkt. Namentlich zu Beginn des Schneidens, wenn der Werkstoff noch am ehesten Bewegungsfreiheit hat, kann dies Drehmoment der Schneidenschärfe bös mitspielen, weil zu-

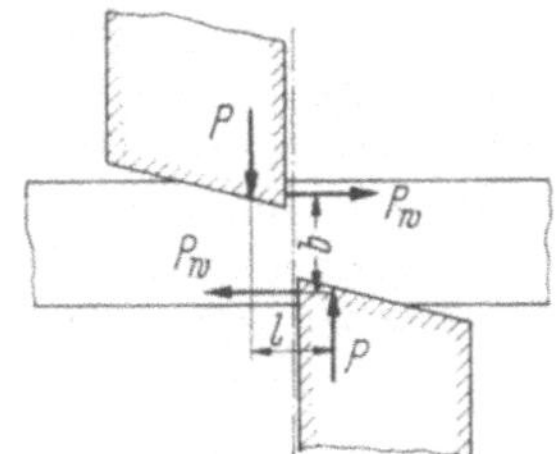

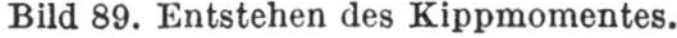

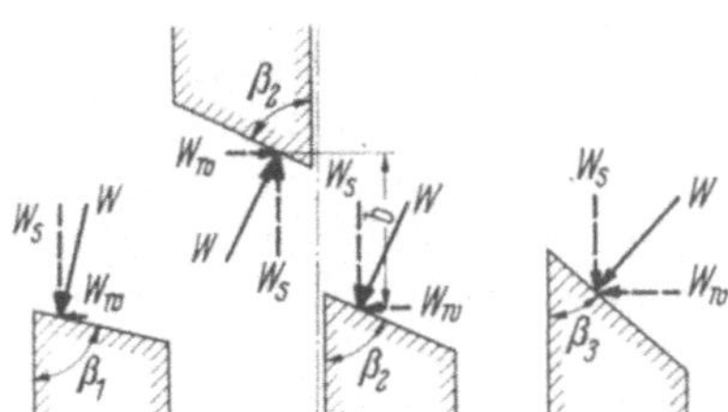

Bild 89. Entstehen des Kippmomentes.   Bild 90. Kräfte beim Schneiden.

nächst die Schneidkante fast allein die Kraft überträgt, die Möglichkeit also besteht, daß die Kraftwirkungen durch Unebenheiten und ungleichmäßige Dicke des Werkstoffes auf einzelne Punkte zusammengedrängt werden. Der vom bearbeiteten Werkstoff geäußerte Widerstand ist W (Bild 90). Während der senkrechte Teil W_s dieser Kraft der Bewegung der Schneide entgegenwirkt, verhütet das Drehmoment der waagerechten Kräfte W_w eine Werkstoffbewegung infolge des Drehmoments $P_w \cdot b$ (Bild 89). Je spitzer der Keilwinkel, desto kleiner die Teilkraft W_s, desto größer die Teilkraft W_w (Bild 90). Der Keilwinkel ist also so zu wählen, daß das Drehmoment $W_w \cdot b$ (Bild 90) eine Bewegung des Werkstoffes unter dem Einfluß des Drehmoments $P \cdot l$ (Bild 89) verhütet.

c) Schneiden mit stumpfer Schneide. Je größer die Schneidkraft, je größer die Reibungszahl zwischen Schneide und Werkstoff, um so schädlicher die Wirkung der Reibungsarbeit auf das Werkzeug (Schmiermittel). Wenn man von Zunder nicht ganz gesäuberten Werkstoff durch Schneiden mit spitzem Keilwinkel verarbeitet, werden sich die Schneidkanten bald nach einem mehr oder minder großen Halbmesser R (Bilder 91 und 92) abrunden. Das Kräftespiel an der Schneide verläuft nicht mehr nach Bild 90, sondern wie die schematische Darstellung b in Bild 91 zeigt: Die Größe des Keilwinkels β ändert sich fortgesetzt und nimmt sogar Werte über 90° an (Bild 92). Die Einzelkräfte W_w rufen an der Abstumpfung teils rechtsdrehende, teils linksdrehende Momente hervor. Bei richtig konstruierter Schneidenform kann also beim Nachlassen der Schneidenschärfe die bezweckte Wirkung des spitzen Keilwinkels zum Teil wieder aufgehoben werden. Gleichzeitig steigen Kraft- und Arbeitsbedarf; denn die Stellen der Schneiden mit dem Größtwiderstand entfernen sich von der Schneidebene. Damit gleiten die Werkstoffschichten nicht mehr nahe an den Schneiden ab. Die Trennungsfläche neigt sich gegen die Senkrechte mit abnehmender Schärfe des Werkzeuges. Häufig genug verrät noch das fertige Werkstück den Schneidenzustand des Werkzeuges, mit dem es hergestellt wurde (Bild 93).

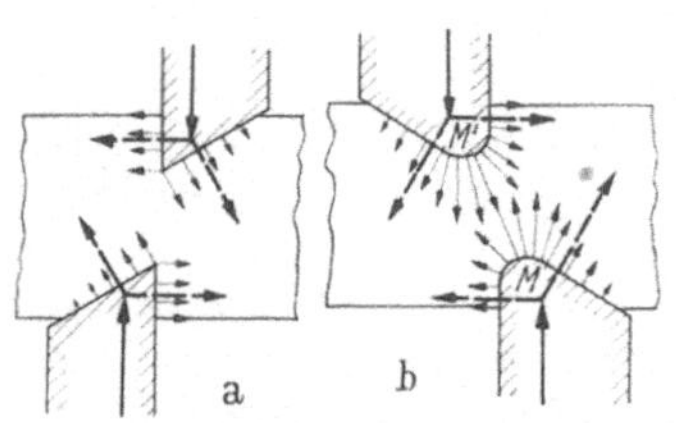

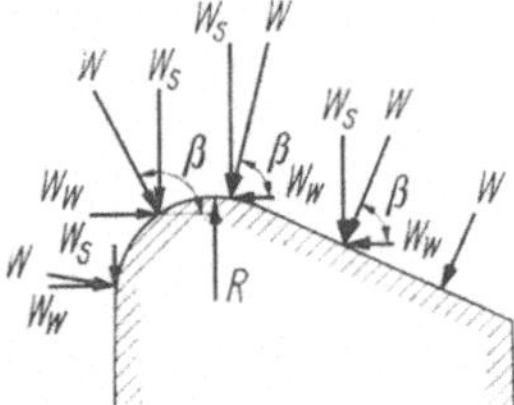

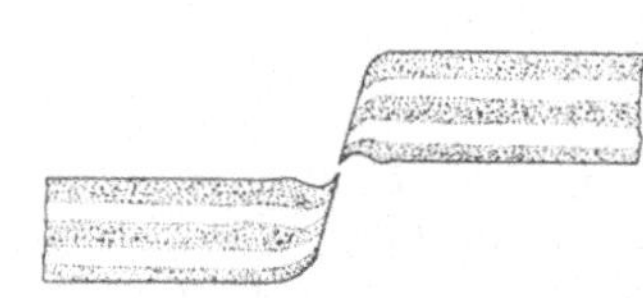

Bild 91 a u. b. Kräfte an scharfen und stumpfen Schneiden.

Bild 92. Kraftrichtungen an stumpfer Schneide.

Bild 93. Mit stumpfen Schneiden geschnitten.

d) Auswertung. Schneiden mit spitzem Keilwinkel sind also geeignet, den Kraft- und Arbeitsbedarf herabzusetzen und der Neigung des Werkstoffes, sich zwischen die Schneiden zu klemmen, entgegenzuwirken. Man wird sie da anwenden, wo der Werkstoff im Verhältnis zur Schneide nicht zu hart ist, weil sonst die Schneidenschärfe bald nachläßt, und dann, wenn die Ersparnisse an Kraft- und Arbeitsbedarf nicht durch Mehrkosten der Herstellung und Instandhaltung verzehrt werden. Betriebstechnisch notwendig wird geradezu ihre Anwendung, und zwar, wenn man mit verschieden harten Werkzeugteilen arbeitet, an dem weichen Werkzeugteil, weil nach dem Stumpfwerden bei spitzem Keilwinkel die Schneide leichter wieder herzustellen ist.

e) Die praktische Ausbildung der Schneide mit spitzem Keilwinkel zeigen an einigen Beispielen die Bilder 94 und 95. Formen wie Bild 96, Ausdrehung des Stempels, Andrehung der Schneidplatte, sollen
das Schleifen bzw. Dengeln erleichtern.

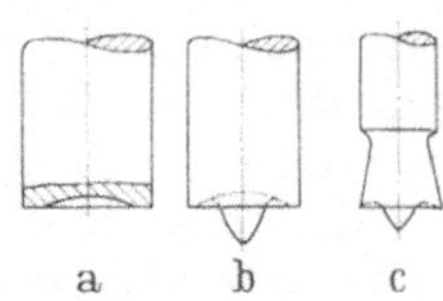

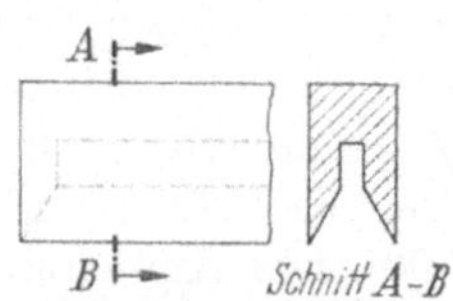

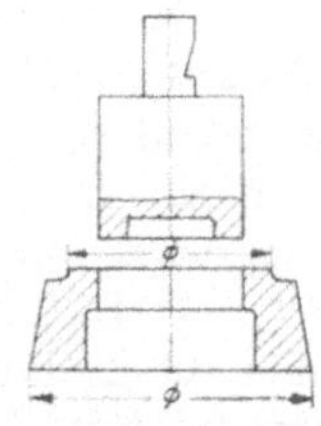

Bild 94 a–c. Werkzeuge mit spitzem Winkel.

Bild 95. Stempel mit spitzem Keilwinkel.

Bild 96. Ausdrehungen an den Werkzeugen zur Erleichterung des Schärfens.

44. Messerschneiden (vgl. Tab. 3) nimmt in diesem Zusammenhang eine besondere Stellung ein. Es gibt eine Anzahl Stoffe, die mit den bisher geschilderten Werkzeugen nicht bearbeitet werden können (vgl. Abschn. 21 und 22). *Leder* würde sich z. B. in der Schere abbiegen, so daß ein genaues Schneiden nicht möglich ist, *Pappe* und ähnliche Stoffe würden infolge der mengenmäßig starken Stoffverdrängung zerreißen. Derartige Stoffe bearbeitet man daher nur mit einem Stempel, die Schneidplatte ersetzt man durch eine hölzerne, bleierne oder ähnliche Unterlage. Diese Messerschneide (Bild 97) mit einem Keilwinkel bis zu höchstens 60° bietet elastischen Stoffen kaum eine Fläche, welche die zur Querdehnung des Werkstoffes notwendige Kraft auf diese überträgt. Anwendbar ist das Messerschneiden (Keilschneiden) überall da, wo ein verhältnismäßig niedriger Werkstoffwiderstand die Verwendung des genannten Keilwinkels gestattet.

Grundsatz bei der Gestaltung ist, daß mit Rücksicht auf die Maßhaltigkeit die Schnittflächen an dem Werkstück durch Vollkantig-Schneiden ausgeführt werden. So ergeben sich Loch- und Umrißschneiden. Bei den Löchern drängt sich

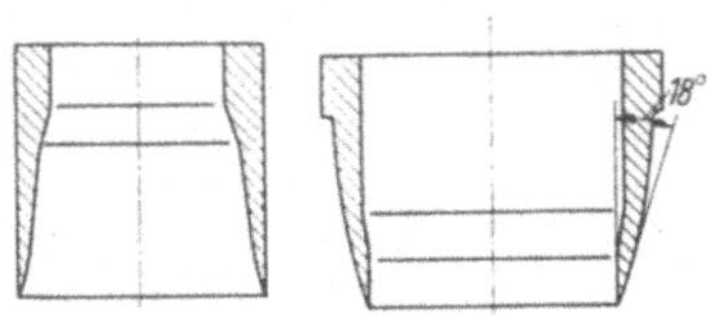

Bild 97. Stempel für das Messerschneiden (links für Lochungen, rechts für Ausschnitte).

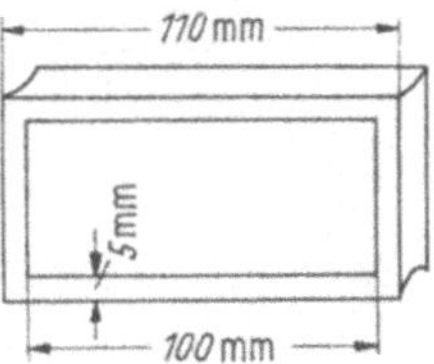

Bild 98. Werkstoff mit 5 mm Zugabe ringsum nach dem Schnitt mit der Schere.

infolge der Verengung des Raums zwischen den Schneiden der Ausschnitt so fest zusammen, daß er unter Umständen herausgebohrt werden muß. Man wendet sie daher nur an, wenn keine andere Möglichkeit besteht. Messerschneiden für große Stückzahlen werden aus dem Vollen hergestellt. Die Schneiden bleiben während der Herstellung und des Härtens wegen der Verbrennungsgefahr stumpf und erhalten erst durch Schleifen ihre Schärfe. Für verwickelte Umrißformen stellt man sie dadurch her, daß man ein Stück Bandstahl der gewünschten Form entsprechend biegt.

Eine besondere Ausführungsform eines Messerschneidzeuges verwendet man, um zugeschnittetenen Gummi-, Fiber-, Tuchplatten genaues Maß zu geben. Da diese Stoffe in sich nachgiebig sind, pressen sie sich unter der Scherkraft beim Zuschneiden auf Scheren zusammen und dehnen sich seitlich aus, aber nicht gleichmäßig über den ganzen Querschnitt, sondern Stempel und Schneidplatte halten den Stoff oben und unten fest. Infolgedessen ist die Dehnung in der Mitte des Werkstoffes am stärksten, so daß hier eine größere Stoffmenge weggeschnitten wird. Beim Nachlassen der Pressung zieht sich der Werkstoff mehr oder minder wieder zusammen (Bild 98). Man schneidet

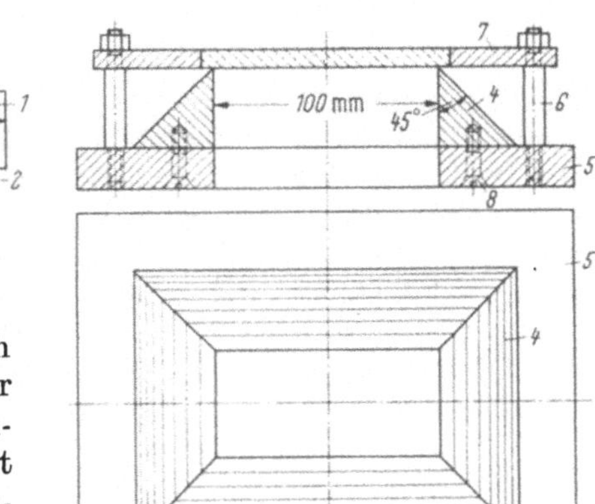

Bild 99. Schneidwerkzeug zum Nachschneiden von Gummi, Fiber u. dgl.

1 Stempelkopf; *2* Stempel für Zubringung; *3* Befestigungsschrauben zwischen *1* und *2*; *4* Messer; *5* Grundplatte; *6* Befestigungssäulen für *7*; *7* Einlegeplatte; *8* Befestigungsschrauben zwischen *4* und *5*.

ihn daher auf der Schere etwa 5 mm größer aus und gibt ihm mit dem im Bild 99 dargestellten Werkzeug sein genaues Maß. Dabei ist das Spiel zwischen Messer und Stempel – soweit man von einem solchen reden kann – von keinem Einfluß auf die Ausschnittgröße, da der Stempel nur noch den Zweck der genauen Zubringung hat.

Eine weitere Art des Messerwerkzeuges ist in Bild 100 dargestellt: f ist eine etwa 6 mm dicke, ungehärtete Schablone aus chromlegiertem Stahlblech, g ist das zu besäumende Werkstück. Im Stempelkopf a sind zwei Gummiplatten b, in ihren Abmessungen etwa 15···20 mm größer als die Schablone f, allseitig eingespannt, so daß bei Druckbeanspruchung nur eine Richtung zum Ausweichen bleibt, auf das zu bearbeitende Stück zu, das so zunächst festgehalten wird, und von dem dann durch Biegen um die scharfe Kante der Schablone der Rand abgetrennt wird. Anwendbar ist dies Verfahren für Leichtmetall-, Messing- und Kupferbleche sowie für Stahlbleche bis zu 1,5 mm Dicke.

45. Kreuzend-Schneiden (vgl.

Abschn. 4 u. 5). **a)** Die Messerneigung wendet man trotz schwieriger Herstellung des Werkzeuges *bei großen Schneidzeugen* an, wo

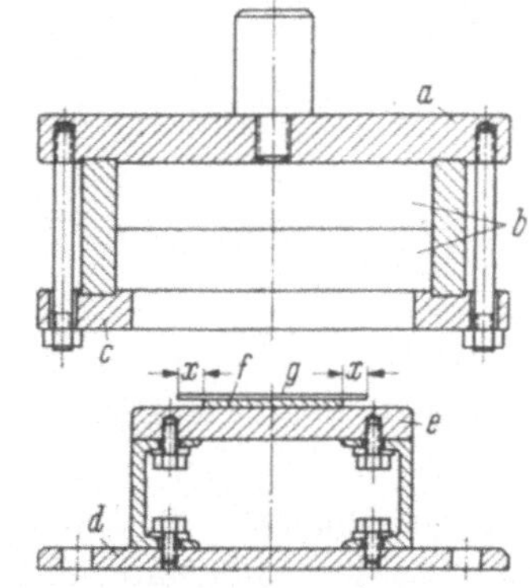

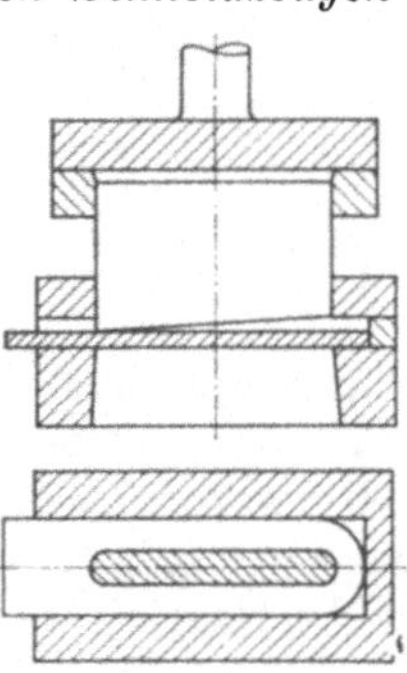

Bild 100. Werkzeug zum Ausschneiden von Blechteilen mit Hilfe von Gummi [*23* und *31*: Teil 2, VDI 3142].
a Aus Stahlplatten zusammengesetztes Oberteil; *b* Platten aus Sondergummi; *c* Unterplatte des Oberteiles; *d* aus Stahlplatten mit einem gegossenen Zwischenstück zusammengesetztes Unterteil; *e* Deckplatte des Unterteils; *f* Schneidschablone; *g* Blech, aus dem der Ausschnitt hergestellt werden soll.

Bild 101
Kreuzende Schneiden an einem Lochstempel.

eine Verkleinerung der Kräfte beim Schneiden unbedingt notwendig wird, und nimmt dafür einen Mehraufwand an Arbeit, die der Verformung des Bleches dient, mit in Kauf. Würde z. B. der Stempel in Bild 101 auf seiner ganzen Fläche gleichzeitig anfassen, so würden bei der auftretenden Schnittkraft die seitlich stehenbleibenden Streifen sich verbiegen. Weiter fällt ins Gewicht, daß man mit leichteren, handlicheren und schnelleren Maschinen unter Verwendung weniger hochwertigen Stoffes für die Werkzeuge arbeiten kann.

Die Stoßdämpfung beim Kreuzend-Schneiden beruht auf zwei Erscheinungen: Erstens wird durch die Schrägstellung der Schneide der Keilwinkel verkleinert (Bild 102), der notwendige Kraftbedarf also herabgesetzt (s. Bild 52).

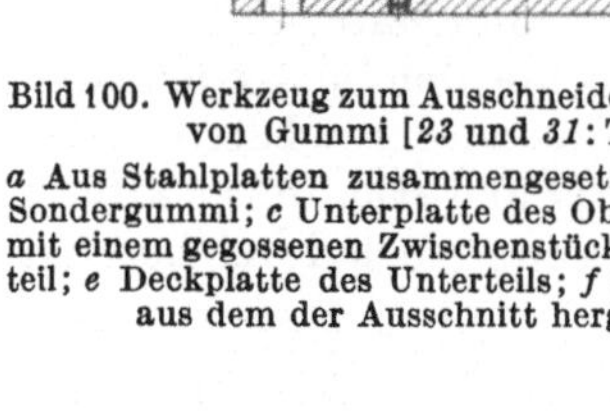

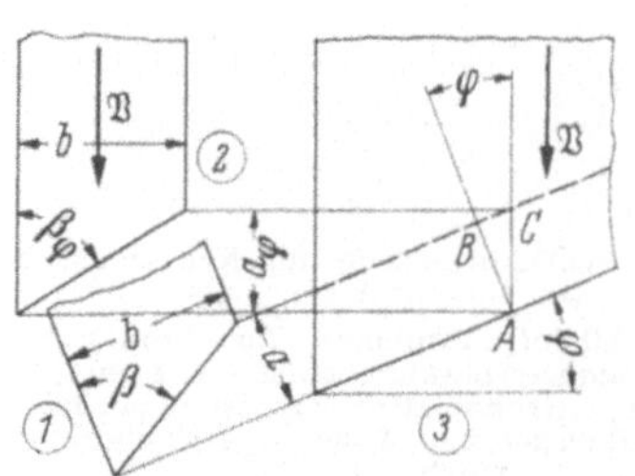

Bild 102. Verkleinerung des Keilwinkels β beim Kreuzend-Schneiden auf β_φ. β ist die Neigung des Obermessers. Aus den drei Projektionen ergibt sich

$$\text{①} \ \tan\beta = \frac{b}{a} ; \quad \text{②} \ \tan\beta_\varphi = \frac{b}{a_\varphi} ; \quad \text{③} \ \triangle ABC: a_\varphi = \frac{a}{\cos\varphi} ;$$

$$\text{folglich} \ \tan\beta_\varphi = \frac{b}{a}\cos\beta = \tan\beta \cdot \cos\varphi.$$

Zweitens gelangt durch die Schräge nicht der ganze Querschnitt unvermittelt vor die Schneide, sondern immer nur ein Teil. Durch die Neigung der Schneide wird der Schneidvorgang in drei Phasen gegliedert: das Anschneiden, das Ausschneiden und dazwischen die Zone mit gleichbleibender Schnittlänge. Die schraffierten Flächen in Bild 103 geben den Teil des Querschnittes an, der mit gleichbleibender Schnittlänge getrennt wird. Das Dreieck links oben ist die Zone des Anschneidens, rechts unten die des Ausschneidens. Durch das Kreuzend-Schneiden wird der notwendige Hub allerdings auf $s + b \cdot \tan\varphi$ verlängert (s Dicke, b Breite des Werkstückes).

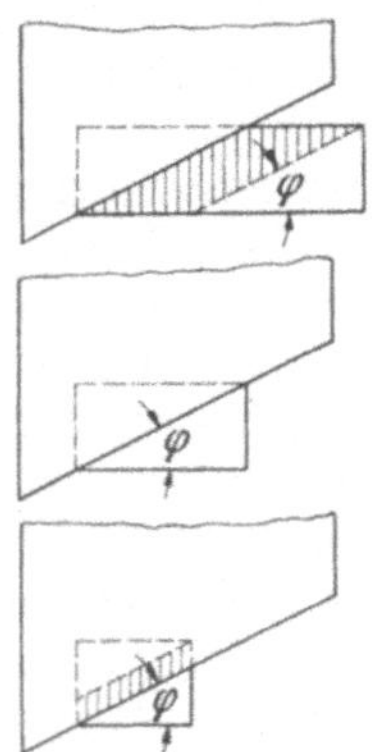
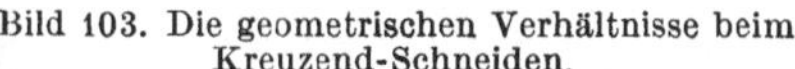

Bild 103. Die geometrischen Verhältnisse beim Kreuzend-Schneiden.

Bilder 104 u. 105. Aufhebung der Seitenkräfte durch ausgleichende Neigungen an Stempel und Schneidplatte.

b) Die auftretenden seitlichen Kräfte hebt man meistens durch entgegengesetzte Neigung auf (Bilder 104 und 105). Beim Lochen ist die Schneidenneigung an dem Werkzeugoberteil, beim Ausschneiden an der Schneidplatte anzubringen; denn der um den Ausschnitt stehenbleibende Stoff wird gegen die Schneidplatte gedrückt und biegt sich wenigstens in der näheren Umgebung des Schnittes nach der Schneidplattenoberfläche. Der Ausschnitt selbst paßt sich der Stempelstirnfläche an. Hieraus ist zu erkennen, wie wichtig es zur Erzielung ebener Werkstücke ist, Schneidplatte und Stempel genau parallel zueinander auszurichten. In dem Bestreben, möglichst wenig bleibende Verbiegungsarbeit zu leisten und daher den Abfall wieder benutzen zu können, ist es am besten, Schneidwerkzeuge nur mit zwei Hochpunkten zu versehen. Auf diese Weise wird der Abfall nur einfach um eine Kante gebogen und zeigt Neigung zurückzufedern. Bei mehr als zwei Hochpunkten (Bild 105) erfolgen örtliche Dehnungen, die den Abfall in eine gewölbte Form zwingen. Dieses Scherprinzip läßt sich auch auf zusammengesetzte und kombinierte Werkzeuge anwenden.

Ebenso bringt die Anwendung der kreuzenden Schneiden bei *Werkzeugen mit vielen Lochstempeln*, z.B. für Stator- und Rotorbleche, viele Vorteile. Die Schneidkraft geht, statisch gemessen, dadurch auf 40% zurück. Die Abstreiferkraft vermindert sich auf die Hälfte. Beides ist für den Stanzereibetrieb von großer Bedeutung insofern, als der Geräuschpegel merkbar sinkt, die Beanspruchung der Presse geringer ist und die Standmenge eines solchen Werkzeuges wesentlich steigt. Durch die Minderung der Abstreiferkraft wird die wechselnde Zug- und Druckbelastung des Stempels sehr viel kleiner, wodurch bei hochbeanspruchten Werkzeugen Stempelbrüche vermieden werden. Es genügt, die kreuzenden Schneiden pfeilförmig so auszubilden, daß die Spitze das Blech eben durchdringt, wenn die zurückliegende Kante das Blech anschneidet (nach M. STRAUBER).

c) Gehen bei einem Arbeitshub mehrere Stempel durch den Werkstoff, so ist es meist üblich, die zum Kraftausgleich notwendige Staffelung der Stempel so durchzuführen, daß der zweite auf den Werkstoff aufsetzt, wenn der erste ihn durchdrungen hat. Unter Berücksichtigung der Schaubilder (Bilder 50 und 52) ist es zweckmäßiger, den zweiten Stempel dann zum Schneiden ansetzen zu lassen, wenn der erste die Periode der Höchstkraft überwunden hat. Auf diese Weise läßt sich eine Kraftverteilung schaffen, die die ersterwähnte Schneidweise an Gleichmäßigkeit übertrifft, ohne wesentlich deren Kraftbedarf zu überschreiten. Der sich ergebende kleinere Hub gestattet die Verwendung kürzerer, daher widerstandsfähigerer Stempel und höherer Hubzahlen.

Bei Stoffen mit hoher Scherfestigkeit verbiegt sich der umgebende Stoff, ehe die Trennung erfolgt, da die Druckspannung sehr oft eher die Quetschgrenze erreicht, als die Schubspannung den Widerstand des Stoffes überwindet. So kann beim Arbeiten mit mehreren Stempeln sich der Werkstoff an einem Stempel festklemmen, unter Umständen, wenn die Werkstoffbewegung gerade dann erfolgt, wenn ein zweiter Stempel aufsetzt, dieser abgebrochen werden. Damit dies nicht eintreten kann, sollte das Werkstück von den Schneiden jeweils an zwei möglichst diagonal zur senkrechten Stößelachse verteilten Stellen erfaßt werden (Bild 106a). Empfehlenswert ist es, diese Punkte so weit wie möglich auseinanderzurücken und die starrsten Stempel zuerst durch den Werkstoff gehen zu lassen, damit sie den schwächeren als Führung dienen (Bild 106b). Diese Forderungen sind schon beim Entwurf des Werkzeuges im Hinblick auf eine gute Stempelführung möglichst in Einklang zu bringen, mit dem Grundsatz, daß der Schwerpunkt der gleichzeitig auftretenden Stempelkräfte auf der Stößelachse liegen muß.

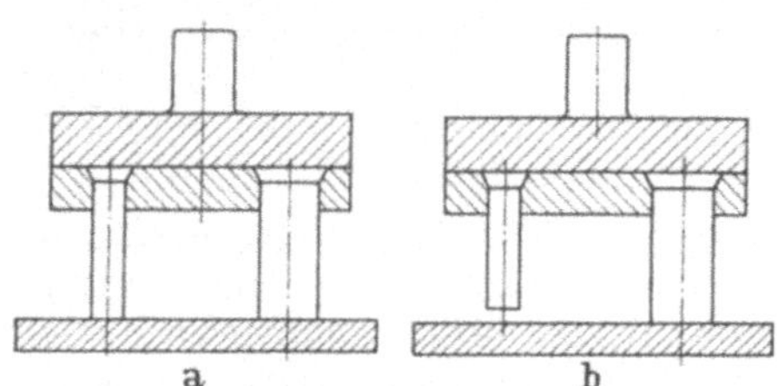

Bild 106a u. b
Werkzeuge mit mehreren Stempeln.

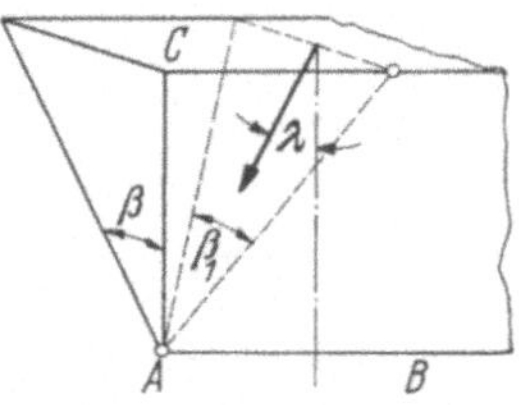

Bild 107. Wirkungsweise des ziehenden Schneidens.
Wandert das Messer in Pfeilrichtung unter dem Ziehwinkel λ, so ist der wirksame Keilwinkel β_1, d.h. kleiner als β. – Die Berechnung von β_1 entspricht sinngemäß derjenigen zu Bild 102.

46. Ziehend-Schneiden. Mit dem Ziehend-Schneiden erreicht man in ähnlicher Weise wie mit dem Kreuzend-Schneiden eine Verkleinerung des wirksamen Keilwinkels (Bild 107). Die zusätzliche Seitenbewegung der Schneide bewirkt, daß der volle Keilwinkel nicht schon nach dem senkrechten Weg S wirksam wird, sondern erst nach dem Weg $S/\cos \lambda$. Man wendet das Ziehend-Schneiden häufig in Verbindung mit kreuzenden Schneiden an, wenn man auf einer möglichst geringen Stoffzone eine Druckkraft ausüben will, z. B. bei Gummi, Leder, Kork, weil diese sonst ihre Form verlieren könnten oder weil sie dieser Kraft einfach ausweichen, wie z. B. Papier, Filz, Tuche. Man lenkt die Kraftwirkung also mehr oder minder in die Stoffrichtung um, wobei aus Druck in dem gleichen Maße Zug wird.

Eine besondere Verbindung von kreuzenden Schneiden mit ziehendem Schneiden ergibt sich bei der Verwendung von Rollmessern. Auch hier kann man wieder Messerschneidzeuge und zweiteilige Werkzeuge feststellen. Bemerkenswert sind sie deswegen, weil beim Rollmesser mit jeder Änderung der Stellung zum Stoff die Schneidenneigung sich ändert (s. Abschn. 8).

Neuerdings wendet man aber auch das ziehende Schneiden bei Tafelscheren an, allerdings nicht allein zur Herabsetzung der Schneidkraft, sondern um einen geraden Schnitt zu erzeugen. Bei Schneidenneigung wandert die Schneidkraft während des Schneidens am Messer entlang. Der obere Messerbalken spannt und entspannt sich allmählich seitlich und erzeugt so eine gewölbte Schnittkante (Bild 108), während die vom steiferen Untermesser erzeugte Schnittkante gerade ist. Durch eine seitliche Bewegung kann man das Ausfedern des oberen Messerbalkens vermeiden, mindestens verkleinern.

47. Herabsetzung der Schneidenbelastung. Besondere Maßnahmen werden erforderlich, wenn der Stempelquerschnitt klein, die Beanspruchung aber groß wird, wie häufig beim Lochen. Da mit abnehmendem Stempeldurchmesser sich der Stempelquerschnitt im Quadrat, der Umfang aber nur linear verkleinert, ist es gerade beim Lochen mit kleinen Stempeln wegen der verhältnismäßig größeren Druckbeanspruchung des Querschnittes wichtig, den Stempel zu entlasten. Dies ist auf folgenden Wegen zu erreichen:

Bild 105. Form eines unter einer Tafelschere abgeschnittenen Streifens.

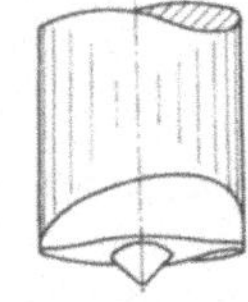

Bild 109. Zweiseitige Schräge an einem Lochstempel.

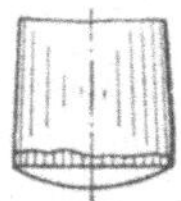

Bild 110. Putzenform bei richtigem Schneidspiel.

a) Für gewöhnliche Schneidarbeit stellt man einfach eine Schneide schräg. Beim Lochen versagt jedoch das Mittel der einseitigen Schräge, weil der Stempel abgebogen würde. Deswegen muß man durch gegeneinander angeordnete Neigungen Kräfteausgleich schaffen (Bild 109). Reicht auch dies nicht aus, so erhält auch die Schneidplatte Neigungen, ebenfalls unter Berücksichtigung des Ausgleichs (Bild 105). Die Hochpunkte an Stempel und Schneidplatte müssen beim Einspannen einander zugeordnet werden. So wird die zu leistende Arbeit auf einen größeren Weg verteilt, allerdings auch etwas größer, weil das umgebende Blech nach der Druckfläche der Schneidplatte, der Putzen nach derjenigen des Stempels zu biegen sind.

b) Um die auftretenden Höchstkräfte möglichst klein zu halten, ist die richtige Bemessung des Spiels zwischen Stempel und Schneidplatte von großer Bedeutung, weil dadurch die Bildung einer Einschnürung am Putzen und damit die Ausräumarbeit verkleinert wird. Der Putzen schießt dann in der aus Bild 110 ersichtlichen Form, meist mit einem Knall, heraus, wenn der Stempel um etwa ein Drittel der Plattendicke in diese eingedrungen ist (vgl. Abschn. 13 und Bild 64).

c) Wird die Beanspruchung der Schneiden so groß, daß diese ohne Rücksicht auf das Aussehen des Putzens und auf den notwendigen Arbeitsaufwand entlastet werden müssen, um überhaupt schneiden zu können, so zieht man den ganzen Stempelquerschnitt zur Kraftübertragung heran und vermindert dadurch die Spannung an den Schneidkanten. Weiter oben (Bild 66) wurde erwähnt, daß sich das vor dem Stempel liegende Blech wie eine am Rande aufliegende Platte mit Flächenbelastung verhält, d.h., daß es sich vor der Stempelmitte wegbiegt. Die gleiche Wirkung erhält man, wenn man das Blech nicht dicht am Auflegerand durchdrückt, sondern mittels besonderer Stempelform (Bild 111 a–f) über die Schneiden der Schneidplatte nach der Mitte zu hereinzieht; man arbeitet dann mit negativem Keilwinkel und braucht Stempelformen, wie diese, die verhältnismäßig leicht herzu-

4*

stellen und instandzuhalten sind. Der Fließvorgang wird also nicht durch Druck, sondern durch Druck und Biegung eingeleitet und hauptsächlich in den Putzen verlegt, um den Lochrand im Hinblick auf die spätere Verwendung zu schonen. Die Schneiden werden entlastet, aber der Arbeitsaufwand, der sich in der vollständigen Verformung des Putzens äußert, wird größer (Bild 112).

d) Wie schon erwähnt, tritt beim Lochen ein Fließen von Stoffteilchen ein. Um dem Werkstoff Zeit zu lassen, vor dem Stempel abzufließen, kann man geringe Schneidgeschwindigkeiten verwenden und so die Größtkräfte herabsetzen.

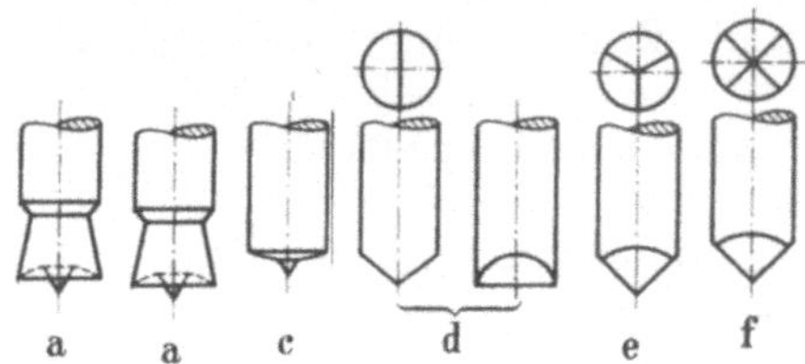

Bild 111a–f. Lochstempelformen.

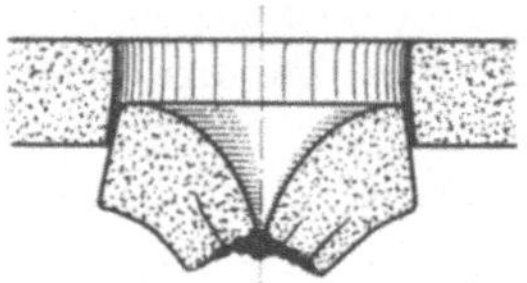

Bild 112. Verformter Putzen (Zerstörung des Druckkegels im Werkstoff nach Bild 31).

e) Der zu bearbeitende Werkstoff läßt sich zuweilen in einen Zustand bringen, der den Stoffteilchen das Abfließen erleichtert. Beim Stahl ist z.B. Bearbeitung im glühenden Zustand vorteilhaft, weil dessen Widerstandsfähigkeit bei 500° nur noch die Hälfte der ursprünglichen Festigkeit beträgt, bei etwa 600° nur noch ein Viertel. Den Stanzwiderstand von Leder kann man durch Dämpfen um 15% herabsetzen. Hartgummi und Kunstharz wärmt man zum Schneiden bis auf etwa 100 °C an.

48. Schneidenformen für besondere Fälle. a) Beim Stechen schneidet man nur teilweise oder unvollständig aus und verbindet mit diesem Vorgang ein Biegen oder Ziehen:

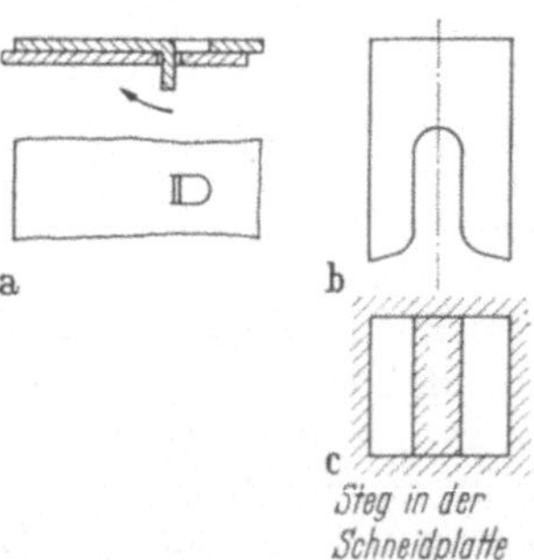

Bild 113a–c. Durchreißen. a) Anwendungsbeispiel für Durchreißen; b) Durchreißstempel; c) Schneidplatte zu b.

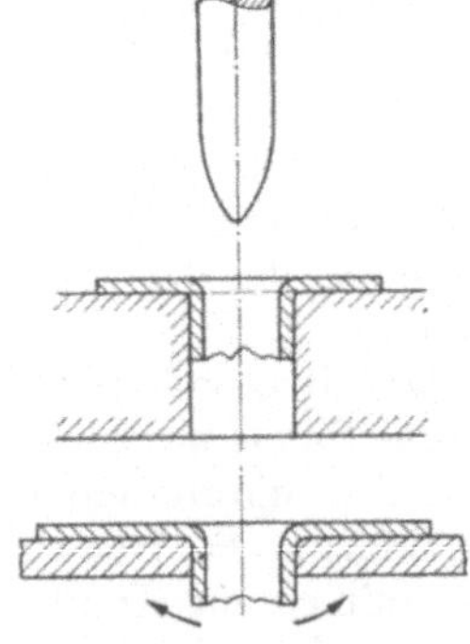

Bild 114. Durchziehen.

Durchreißen stellt eine Vereinigung von Schneiden und Biegen dar. Es wird nicht mehr vollständig ausgeschnitten oder gelocht, sondern nur an drei Seiten, so daß der Ausschnitt um die vierte Seite winklig abgebogen werden muß. Durch weiteres Biegen des durchgerissenen Lappens um 90° ist beispielsweise leicht eine Verbindung zwischen zwei Blechen herzustellen (Bild 113a). Bilder 113b und c zeigen eine Schneidenform für doppeltes Durchreißen.

Durchziehen dient häufig der Verbindung zweier Bleche (Bild 114). Der meist runde Stempel endet in einer Spitze. Damit wölbt er das Blech auf der Schneidplatte, deren Schneidkante abgerundet ist, reißt schließlich das Blech auseinander und zieht es in die Schneidplatte hinein. Der rauhe, gerissene Rand erleichtert nachfolgendes Vernieten, er kann aber auch ungewollt als Grat (Reißgrat; s. auch Bild 42d) auftreten, wenn der Spalt zwischen den Schneiden zu groß ist.

Wenn nach diesem Verfahren z. B. Wandungen für Naben mit Muttergewinde hergestellt werden sollen, so ist ein glatter Rand erforderlich. Durch vorhergehendes Lochen oder durch Ausbildung der Stempelspitze als Lochstempel, der in diesem Fall ohne Gegenschnitt arbeitet, ist dieser leicht zu erzielen. Bei dickerem Werkstoff (etwa über $1/2$ mm) läßt sich dadurch leicht eine Nietverbindung schaffen, daß man beim Lochen den Putzen nicht ganz ausstößt, sondern ihn nur zur Hälfte aus dem Blech heraustreten läßt und ihn gleichzeitig als Niet benutzt. Doch ist dies Verfahren nur für gering belastete Verbindungen zulässig. Auch bei anderer Gelegenheit ist es manchmal zweckmäßig, mehrere Arbeitsgänge zusammenzufassen.

b) **Weiterverarbeitung.** Während man gewöhnlich die Verbiegung des Ausschnittes zu vermeiden sucht, läßt sie sich auch nützlich verwenden: Der Stempel (Bild 115b) erzeugt das Arbeitsstück a. In der nächsten Arbeitsstufe sollen die aufgebogenen Ecken gerollt werden. Dadurch, daß eine Aufbiegung schon während

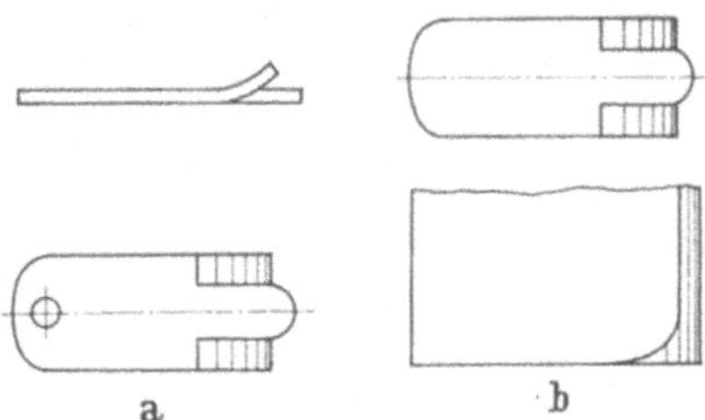

Bild 115a u. b. Einschneiden und Biegen. a) Werkstück; b) Schneidstempel.

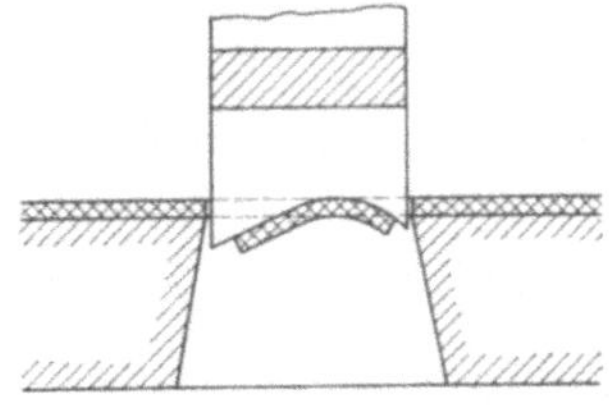

Bild 116. Ausschneiden und Biegen.

des Schneidvorganges erreicht wird, ist einer Verbiegung des glatten Teiles während des Aufrollens vorgebeugt. Das Mittel, diesen Zweck zu erreichen, ist eine kreuzende Schneide an den aufzurollenden Stellen, die langsam in die waagerechte Schneidkante übergeht (Bild 115).

c) **Ausschneiden und Biegen.** Nach demselben Verfahren kann man auch mit einem Stempel ausschneiden und fertigbiegen (Bild 116). Doch ist dies nur bei Zulassung größerer Toleranzen in der Maßhaltigkeit möglich und außer für Rundungen auch für Knicke bis zu etwa 20···30° anwendbar. Die Schneidenneigung muß um das Maß der rückfedernden Formänderung bzw. Winkeländerung größer sein.

d) **Ziehen und Schneiden.** Unter den Verbindungen des Schneidens mit anderen Verfahren als Biegen dürfte die in Bild 117 dargestellte Zusammenfassung von Ziehen und Schneiden am häufigsten sein. Aufgabe dieses Werkzeuges ist es, das Näpfchen fertig zu ziehen und gleichzeitig auf die gewünschte Höhe abzuschneiden. Zu diesem Zweck wird der einfache Ziehstempel durch ein dreiteiliges Werkzeug ersetzt. Der eigentliche Ziehstempel wird in das Oberteil geschraubt; er hat genau die lichten Abmessungen des Näpfchens und dessen Höhe und hält als Mutter den durch einen Ansatz geführten, gehärteten und geschliffenen Schneidring. Die Außenabmessungen dieses Ringes sind so gehalten, daß er mit dem

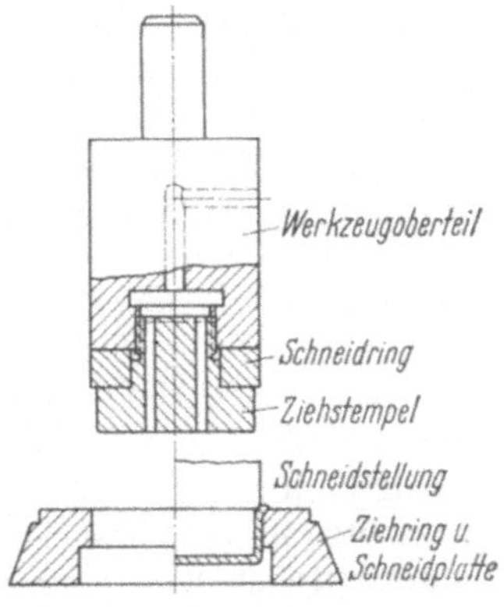

Bild 117. Vereinigung von Ziehen und Schneiden.

Werkzeugunterteil ein Schneidwerkzeug ergibt, das den ungleichen überflüssigen Rand des Näpfchens abquetscht. Dadurch, daß der Schneidring beiderseitig auszunützen ist, lassen sich mit einem solchen Werkzeug hohe Stückleistungen ohne Nachschleifen erzielen.

Bild 118 zeigt eine Vereinigung von **Senken und Lochen**, um ein Blech mit einem anderen durch Senkkopfschrauben verbinden zu können. Weitere interessante Formen hierfür sind in Werkstattstechnik 1930, S. 284, beschrieben.

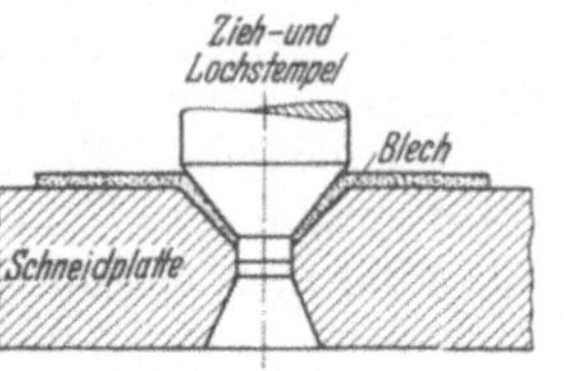

Bild 118. Vereinigung von Senken und Lochen.

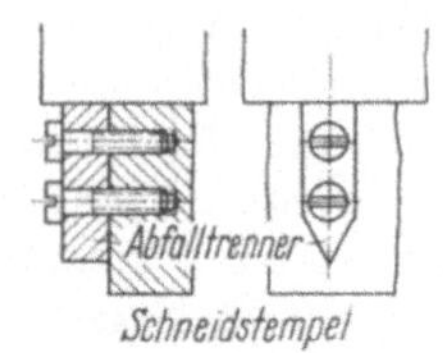

Bild 119. Schneidstempel mit Abfalltrenner.

e) Schneiden und Abstreifen. Bei Verwendung des Schneidens zum Abgraten oder zum Beschneiden von Ziehkörpern sind Abstreifer manchmal hinderlich. Man ersetzt sie dann durch Abfalltrenner, die an den eigentlichen Schneidstempeln angebracht werden, so wie es z. B. der AWF vorschlägt (Bild 119 [*29*: AWF 1503]).

III. Die Stanzerei

A. Werkstoff-Fragen

49. Werkstoffe für die Stanzerei. Wievielerlei Werkstoffarten durch Schneiden und Umformen verarbeitet werden können, läßt Tabelle 8 (S. 66) ahnen. In erster Linie ist für die *Auswahl des Werkstoffes* der Zweck des zu fertigenden Teils, also die Anforderung der *Konstruktion* bestimmend: elektrischer Widerstand, Magnetisierbarkeit, Wärmeleitfähigkeit, Wärmeausdehnung, Anlauftemperaturen, elektrochemische Elementbildung, Korrosionsbeständigkeit, akustische Eigenheiten, Festigkeitseigenschaften und Formstabilität, Arbeitsvermögen, Härte, Dichte, optische Erscheinungen, Hitze- und Säurebeständigkeit. – Aber auch die *Fertigung* hat einiges zur Stoffauswahl zu sagen: Der Gegenstand muß spanend oder spanlos zu formen sein oder gießbar, schweißbar, lötbar, zu nieten, zu spannen, richten usw., ohne in seiner Struktur sich so zu ändern, daß er für den gewollten Zweck ungeeignet wird, andererseits aber durch Wärme sich vergüten lassen. Er muß sich von einer Zunderhaut reinigen lassen wie überhaupt an die Oberflächenbehandlung hohe Ansprüche gestellt werden können: Lackieren und Färben, Bedrucken, Emaillieren, Versilbern, Verchromen, Eloxieren usw. Dennoch soll der Werkstoff anderweitig bearbeitbar bleiben. Alle diese vor dem Umformen liegenden oder ihm folgenden Arbeitsgänge wirken sich auf die Gestaltung des Arbeitsverfahrens aus. Man denke nur daran, wie sorgfältig mit Papier beklebte Dynamobleche behandelt werden müssen (Öl, Risse im Papier usw.), um nicht an Wert einzubüßen. Welche Unterschiede in der Arbeitsleistung ergeben sich allein aus der Werkstoffdicke von Alu- oder Zinnfolie usw. bis zur Stahlplatte für ein Lastwagenchassis oder Eisenbahn-Drehgestell.

Trotz dieser Vielseitigkeit der Ansprüche haben sich gewisse Standard-Stoffe herausentwickelt, die immer wieder verwandt werden können und deswegen genormt worden sind. Für das Stanzen ist wichtig, daß die einmal angegebenen Werte innerhalb gewisser Grenzen gehalten werden. Naturgemäß liegen diese Grenzen bei gewachsenen Stoffen wie Holz, Leder usw. weiter als bei technischen Erzeugnissen, deren Werden man unter Kontrolle hat. Von den genormten Werten haben für die Stanzerei besondere Bedeutung:

1. die Gleichmäßigkeit der Bearbeitungs-Eigenschaften (Güte);
2. die Gleichmäßigkeit der Dicke;
3. die Längen- und Breitentoleranzen der Tafel, des Bandes, des Stabes.

50. Zurichten des Werkstoffs. Die in der Stanzerei verarbeiteten Werkstoffe sind meist blech-, band- oder stabförmig, solange es sich nicht um die Weiterverarbeitung bereits irgendwie geformter Teile handelt. Während Bänder und Stäbe meist in der für die Fertigung geeigneten Abmessung beschafft werden können, wird Blech dann als Ausgangsstoff verwendet, wenn die Fertigung stark wechselt oder jeweils nur kleinere Mengen benötigt werden. Aus diesen Blechen schneidet man Streifen oder solche Formen, wie sie die Fertigung braucht. So wandert ein gewisser Teil des Ausgangswerkstoffes in der modernen Stanzerei zunächst in die *Zuschneiderei*. In dieser arbeiten Tafel-, Exzenter-, Rollscheren und Dekupierstanzen, zuweilen auch Richtmaschinen.

51. Stoffleitung durch die Maschine. Infolge von Förderschwierigkeiten erreichen manche Scheren keinen höheren Ausnutzungsgrad als 10 %. Der Werkstoff kommt als Bund oder Tafel an, d.h., er ist, wenn er sich nicht aufhaspeln läßt, sperrig und unhandlich. Das bedingt besondere *Vorrichtungen*, um das Fördern zu erleichtern. Vor Scheren findet man hierzu drehbare Rollenköpfe, besondere Transportbahnen mit Wagen, Schwenkkräne an Maschinen und Laufkrane mit entsprechenden Greifern. Leichtere Streifen werden auf Hubwagen zu den Scheren und Pressen bewegt. Zusatzgestelle erleichtern die Arbeit, wenn sie in der Höhe verstellbar ausgerichtet werden. Will man den Vorgang des Zuschneidens automatisieren, merkt man, wie mancherlei Bewegungen auszuführen sind.

In Bild 120 ist eine Blechtafel-Scherstraße dargestellt, auf der von einem großen Bund Tafeln oder Streifen selbsttätig geschnitten werden. Sie besteht aus Ablaufhaspel mit Bremse zur Erzeugung der notwendigen Bandspannung zu den Treibwalzen. Ein Antriebsmotor am Dorn des Bundes dreht diesen, bis der Anfang des Bandes von Hand in den Treibwalzensatz eingeführt ist. Die Einstellung des Bundes auf die richtige Zuführungshöhe erfolgt hydraulisch. In

Bild 120. Blechtafel-Scherstraße der Firma McKay Machine Comp.

1 Haspel mit durch Keil verstellbarem Expansions-Dorn mit hydraulischem Bandwagen; *2* Abhaspel-Richtmaschine mit Abtrieb, mit 17 Richtwalzen, mit Einlauf- und Auslaufreibwalze. Eine Auslaufwalze wird als Meßwalze verwendet; *3* Werkzeugbeschleunigungs-Einrichtung; *4* Scherwerkzeug; *5* Scherpresse.

der eigentlichen Maschine ziehen Treib- und Richtwalzen das Blech vom Dorn, richten es und schieben es in die Schere. Eine Auslauftriebwalze wird als Meßwalze verwendet, indem die Bandreibung die Walze mitnimmt. Alle anderen Walzen werden angetrieben. Derselbe Antrieb bewegt auch den Mechanismus, der das obere und untere Abscherwerkzeug durch Kurvenscheibe auf Bandgeschwindigkeit bringt. Die Rückwärtsbewegung des Abscherwerkzeuges erfolgt durch einen Luftzylinder. Ein elektrischer Zähler kontrolliert die Vorschublänge durch Betätigung des Antriebes für die umlaufende Kurve. Die Gesamtkombination ist so konstruiert, daß während der Bewegung des Bandes bei Geschwindigkeiten der Richtmaschine von 60 m/min abgeschert wird. Die abgescherten Tafeln oder Streifen werden an der Austrittsseite der Presse von einem Förderband übernommen. Dieses wird von Hand so eingestellt, daß die abgescherten Längen in solchem Abstand darauf fallen, daß sie leicht abgenommen werden können.

Der Ausnutzungsgrad einer Presse ist weniger eine Frage der Schneidgeschwindigkeit als eine Frage nach dem Verhältnis von möglicher Hubzahl zur tatsächlich ausgenutzten Hubzahl, d. h. abhängig von der Geschwindigkeit und Regelmäßigkeit, mit der das Werkzeug gespeist wird (Bild 121). Die Schaffung von Einrichtungen zum *Zuführen* des Werkstoffes in das Werkzeug, zum *Ausrichten* des Stückes gegen das Werkzeug, zum *Festhalten* in dieser Lage während des Schneidens, zum *Auswerfen* von Erzeugnis und Abfall, zum *Trennen* des Erzeugnisses vom Abfall ist, je nach den Fertigungsumständen, Sache des Betriebes, des Werkzeugbaues oder des Pressenkonstrukteurs.

Betriebsmäßige Behelfe: Neben den Tisch gestellte Behälter mit Werkstücken in Reichweite des Pressenführers (je geringer dessen Körperbewegung, desto günstiger die Wirkung); Stapelflächen in Tischhöhe; auf den Pressentisch gestellte Behälter mit Abziehloch an der Tischfläche der Presse. – Ferner schiefe Ebenen aus Blech, die zum Schneidwerkzeug führen,

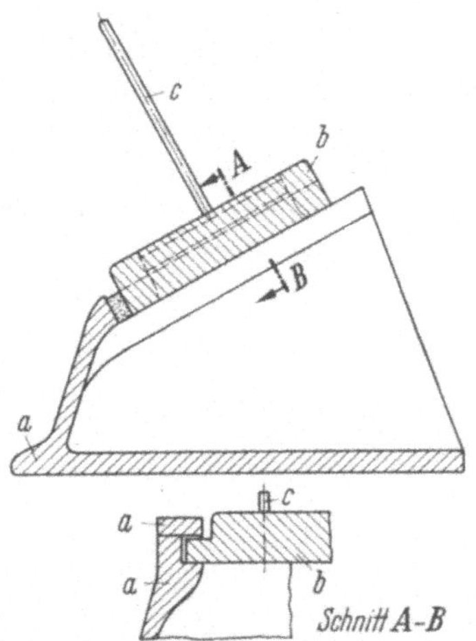

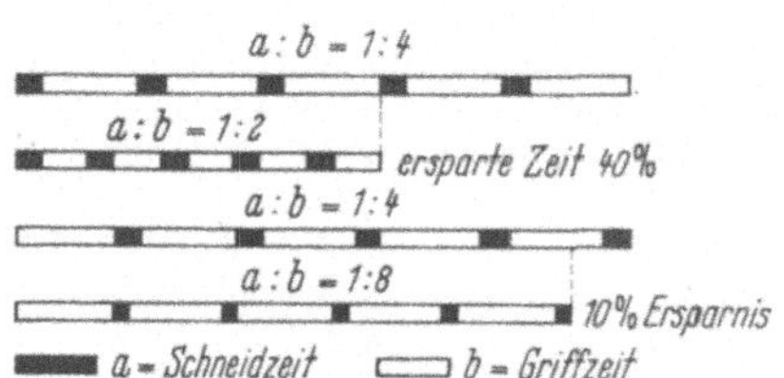

Bild 121. Bedeutung von Schneidzeit- und Griffzeitverkürzung für die Wirtschaftlichkeit.
Eine Erhöhung der Schneidgeschwindigkeit um 50% (unten) bringt nur einen Zeitgewinn von 10% mit sich. Die Verkürzung der Griffzeiten um 50% (oben) jedoch einen solchen von 40%.

Bild 122. Magazin für Schnitteile mit Durchbruch.
Es besteht aus einem Schuh *a*, in den ein Schieber *b* mit einem Dorn *c* sich einführen läßt. Die Vorrichtung wird so aufgestellt, daß der Dorn *c* die herabfallenden Teile auffängt. Sobald sich auf dem Dorn eine genügende Anzahl gesammelt hat, wird der Schieber *b* mit Dorn *c* durch einen neuen ersetzt.

so daß das Werkstück nicht mit der Hand gefaßt werden muß, sondern mit einem Finger in das Werkzeug geschoben werden kann. Bringt man eine Führungsschiene auf dem Gleitblech an, so braucht das Auge nicht den Finger zu leiten. – Schiebt man das Werkstück unter eine Blattfeder, so wird es beim Stanzen in der richtigen Stellung gehalten.

Die fertigen Stücke kann man in einfachen Rinnen, die nur aus zwei Runddrähten mit Außenführung gebildet werden, zur nächsten Maschine rutschen lassen, während der Abfall unter dem Pressentisch in einen Trog fällt. Werden beide Teile nach unten abgeleitet, so genügt es, zwischen die für Werkstück und Abfall bestimmten Kästen ein bis zum Werkzeug heraufreichendes Brett zu stellen, damit sie nicht durcheinander fallen können. Werkstücke mit Loch kann man auf einem Dorn auffangen (z. B. Bild 122).

Der *Werkzeugbau* kann die Werkzeuge zeitsparend ausstatten durch Werkteilführungen, die sich natürlich nach der Form des Teiles richten müssen. Die Möglichkeiten sind im 2. Teil

(Werkstattbuch, Heft 57) beschrieben. Man kann den Stoff so durch das Werkzeug leiten, wie es für die Bedienung und weitere Bearbeitung am günstigsten ist (3. Teil, Werkstattbuch, Heft 59). Schwingrinnen, Förderbänder, Schieber, Haspelvorrichtungen bewegen den Werkstoff außerhalb der Schneiden.

Der *Pressenkonstrukteur* hat alle Möglichkeiten in der Hand, seine Maschinen mit Zubehör auszustatten bis zur Einzweckmaschine und zum Automaten: Walzenvorschubapparate mit Ganzzahn- und Halbzahnschaltung; Zangenvorschübe; Schwenkhebelvorschübe am Stößel; Zickzack- und ähnliche Schaltungen, von Hand einstellbar und automatisch arbeitend; Revolverteller mit Klinkenschaltung und Malteserkreuz. Nutenpressen für Stator- und Ankerbleche sind Einzweckmaschinen, die Stufenpresse ist schon ein Automat[1].

B. Maschinenfragen

52. Maschinenauswahl. a) Größe und Energiebedarf. Mit den in Abschnitt 36 gegebenen Unterlagen ist zu bestimmen, welche Kräfte ein Pressenständer bei einer bestimmten Arbeit aufnehmen muß. Dabei ist es zur Beurteilung des Antriebes wünschenswert, ein Urteil darüber zu gewinnen, ob Motor und Getriebe die gewünschte Arbeitshubzahl auf die Dauer herzugeben vermögen.

Aus Schneidwiderstand (kp oder Mp) und Schneidgeschwindigkeit des Werkzeuges bzw. Pressenstößels (m/s) ergibt sich die notwendige Schneidleistung N in PS, aus Schneidwiderstand und Schneidweg (Stößelweg beim Schneiden) die Schneidarbeit A_P (kpm). Genaugenommen müßte man diesen Wert durch Ausplanimetrieren der in den Bildern 50 (Feld rechts unten) und 52 dargestellten Linienzüge (Arbeitsflächen) gewinnen. Man rechnet sicher, wenn man den größten Schneidwiderstand und die größte Schneidgeschwindigkeit zugrunde legt. Diese Leistung wird nur für die Dauer des Schneidens, die einen sehr kleinen Bruchteil der Zeit einer vollen Umdrehung der Kurbel- oder Exzenterwelle darstellt, benötigt: Diese Zeit beträgt $\dfrac{\alpha\,60}{360\,u}$ s, wenn α denselben Wert in ° wie in Bild 48 und u die Hubzahl des Stößels bzw. Drehzahl der Exzenterwelle je min angibt. Die Mehrleistung bei Ausführung des Schnittes (Schneidleistung, s. o.) muß das Schwungrad hergeben, das dabei an Drehzahl verliert. Wenn das Schwungrad dann bis zum Beginn des neuen Schneidweges vom Motor gerade wieder auf volle Drehzahl beschleunigt worden ist, ist der Motor voll ausgelastet, ein günstiger Wert für den $\cos\varphi$ sichergestellt. Damit das Schwungrad durch Energieabgabe bei gleichzeitigem Drehzahlverlust sich auswirken kann, muß bei Drehstrom der Motor dieser Drehzahlminderung folgen können, d. h. etwa 15 % Schlupf haben.

Bei seiner während des Schneidens abnehmenden Geschwindigkeit von v_{max} auf v_{min} kann ein umlaufender Schwungkranz vom Gewicht G kg entsprechend seiner Masse $M = G/9{,}81$ das Arbeitsvermögen bzw. die Arbeit A kpm abgeben:

$$A = \frac{M}{2}\,(v_{max}^2 - v_{min}^\circ) = \frac{G}{2\cdot 9{,}81}\,(v_{max}^2 - v_{min}^2)\quad\text{kpm}.$$

Setzt man $\dfrac{v_{max} + v_{min}}{2} = v$ und $\dfrac{v_{max} - v_{min}}{v} = \delta$, also $v_{max}^2 - v_{min}^2 = 2\,\delta v^2$, so wird damit $A = \dfrac{G}{9{,}81}\,v^2\,\delta$ kpm. v läßt sich aus dem Schwerpunktweg des Schwungradkranzes ($D\,\pi$ in m) und seiner Drehzahl n (U/min) bestimmen zu $v = \dfrac{D\,\pi\,n}{60}$ m/s, somit

$$A = \frac{G}{9{,}81}\,D^2\,\pi^2\,\frac{n^2}{60^2}\,\delta = G\,D^2\,\frac{n^2}{3600}\,\delta\quad\text{kpm}.$$

Dieses Arbeitsvermögen muß vom Motor während des nach Erledigung des Schnittes verbleibenden Teiles einer Umdrehung der Exzenter- oder Kurbelwelle, also während ihres Verdrehungswinkels von $(360-\alpha)°$ auf das Schwungrad übertragen werden.

Zunächst ist also die Größe des Motors und dann die des Schwungrades zu bestimmen.

Der Motor hat mit Hilfe des Schwungrades die volle Umdrehung der Kurbel- oder Exzenterwelle zur Verfügung, um die Schneidarbeit aufzubringen. Seine Leistung braucht daher nur das

---

[1] DOLEZALEK, C. M., u. E. MÜLLER-LOBECK: Zubringe- und Verkettungseinrichtungen in der Blechverarbeitung. Werkstatttechnik 57 (1967) 64–68.

$\alpha/360$-fache der Schneidleistung N zu betragen, also

$$\text{Motorleistung } N_m = N \frac{\alpha}{360} \text{ PS}. \tag{1}$$

Ist nicht die Schneidleistung N, sondern die Schneidarbeit A_P bekannt oder zu bestimmen, so gilt folgende Überlegung: Der Motor muß die Arbeit A_P während einer vollen Umdrehung der Kurbel- oder Exzenterwelle aufbringen. Die Zeit einer solchen Umdrehung ist $60/u$ s, somit die Leistung des Motors

$$N_m = A_P \frac{u}{60 \cdot 75} \text{ PS}. \tag{1a}$$

Mit dieser Leistung N_m überträgt der Motor während der Drehung der Exzenterwelle um $(360 - \alpha)°$, also während der Zeit $\dfrac{(360 - \alpha)\,60}{360}\dfrac{}{u}$, die zu speichernde Arbeit A auf das Schwungrad. Folglich ist

$$75\,N_m \frac{(360 - \alpha)\,60}{360}\frac{}{u} = A = GD^2 \frac{n^2\delta}{3600} \text{ kpm}.$$

Das ergibt, wenn für N_m der Wert aus Gl. (1) eingesetzt wird,

$$GD^2 = \frac{45000\,N\,\alpha}{u\,n^2\delta}\frac{(360 - \alpha)}{360} \text{ kpm}^2,$$

und wenn man für N_m den Wert aus Gl. (1a) einsetzt,

$$GD^2 = A_P \frac{3600}{n^2\delta}\frac{(360 - \alpha)}{360} \text{ kpm}^2.$$

In diesen beiden Ausdrücken kann annähernd $\dfrac{360 - \alpha}{360} = 1$ gesetzt werden, weil α verhältnismäßig klein ist gegenüber $360°$. So wird

$$GD^2 = \frac{45000\,N\,\alpha}{u\,n^2\delta} \text{ kpm}^2 \tag{2}$$

bzw.

$$GD^2 = \frac{3600\,A_P}{n^2\delta} \text{ kpm}^2. \tag{2a}$$

Findet nicht bei jeder, sondern nur bei jeder x-ten Umdrehung der Exzenterwelle ein Arbeitshub statt, so kann N_m auf $1/x$ verkleinert werden, denn statt 360 und 60 wäre in den Gleichungen (1) und (1a) $360\,x$ bzw. $60\,x$ zu setzen. In Gl. (2) hebt sich x heraus und in Gl. (2a) kommt es auch nicht zur Geltung. GD^2 müßte dasselbe bleiben, weil N_m im selben Maße verkleinert werden kann, wie die Zeit zum Speichern des Arbeitsvermögens größer wird. Dagegen sind GD^2, n^2 und δ im unmittelbaren gleichen Maße von einander abhängig.

Bei Einzelantrieb durch einen Drehstrommotor mit 15% Schlupf ist der Drehzahlabfall von Leerlauf bis Vollast z. B. $= 1000$ bis 850 U/min, also der Ungleichförmigkeitsgrad $\delta = \dfrac{1000 - 850}{925} = \dfrac{1}{6,15}$. Das ist für diesen Motor der praktisch größtmögliche Wert von δ, der das kleinste Schwungrad ergibt. Je größer der Nenner in dem Wert von δ, also je kleiner δ, um so größer wird das Schwungrad. Bei Flachriemen- und Transmissionsantrieb sollte man δ möglichst nicht größer wählen als $1/25$, damit der Riemen nicht abfällt und die anderen Maschinen am Transmissionsstrang nicht in Mitleidenschaft gezogen werden.

Beispiel: Schneidwiderstand $= 90$ Mp (Tab. 6, S. 40), Schneidgeschwindigkeit $= 0,0833$ m/s (Bild 47, wobei aus Sicherheitsgründen immer die höchste zu wählen ist, die der Stößel annehmen wird), ergibt die Schneidleistung $N = \dfrac{90000\;\;0,0833}{75} = 100$ PS.

α sei $= 18°$ (Bild 47, Feld unten links, $\dfrac{a}{R} = 0,049$), also nach Gl. (1) die Motorleistung $N_m = 100 \dfrac{18}{360} = 5$ PS.

Ferner seien: Die Drehzahl der Exzenterwelle $u = 3$ U/min, die Drehzahl des Schwungrades $n = 500$ U/min und der Ungleichförmigkeitsgrad des Schwungrades $\delta = 1/8,33$, dann wird nach Gl. (2)

$$GD^2 = \frac{45000 \cdot 100 \cdot 18}{3 \cdot 250000} 8,33 = 900 \text{ kpm}^2.$$

b) Weitere Anforderungen. Die beiden Gesichtspunkte, Motor- und Schwungradgröße, sind allein noch nicht ausschlaggebend für die Auswahl einer Presse. Es kommt auch darauf an, wie die notwendige Kraft dem Werkzeug zugeleitet und vom Pressengestell aufgenommen wird. Die Verschiedenartigkeit dieser Wirkungen liegen in der Ausführungsart der Presse und ihrer Teile begründet: Antrieb mit Energiespeicher; Getriebe, das die verfügbare Energie in Bewegung und Kraft umsetzt; Energieschalter zwischen diesen beiden Gliedern (Kupplung); Elemente für das Festspannen (Bild 123) und Einrichten der Werkzeuge; Anpassung der Maschine an das Werkzeug; Ausführung des Pressengestells, die dem Kraftschluß dient. Durch die große Zahl

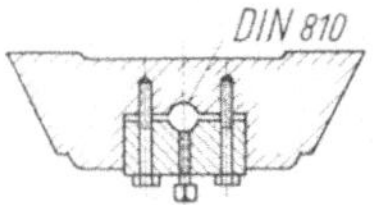

Bild 123. Stößel mit Bohrung (Isa, H 7) für Werkzeugzapfen (Isa, f 7 bis h 6) nach DIN 810 mit Vierkantdruckschraube mit gehärtetem Zapfen (DIN 480).

der Kombinationen erhält jede Maschinenkonstruktion ihre besondere Eigenart und spezielle Eignung.

Auf 3 besondere Entwicklungslinien soll hier hingewiesen werden.

1. *Hohe Stückleistung* (Bild 124), meist durch Erhöhung der Hubzahl erreicht. Damit sie ausgenutzt werden kann, sind entsprechende Gestaltungen an der Presse notwendig, starres Pressengestell, Tisch und Stößel biegungssteif, starre Stößelführungen. Die Lagerspiele müssen ausgeglichen sein, damit sie sich nicht auf den Schneidvorgang auswirken können. Erreichbare Niedergangszahl bei kleineren Pressen bis 300 je min. Die Geschwindigkeit in der Arbeitsweise gestattet keine regelmäßige Zwischenschaltung der menschlichen Hand. So wird aus der einfachen Presse ein ganzer Maschinensatz.

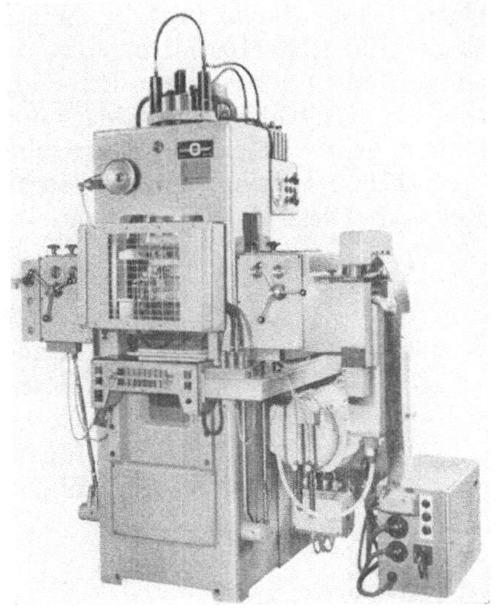

Bild 124. Doppelständer-Schnelläufer-Presse mit automatischer Streifenführung, Einrichtung zum Vermeiden von unvollständigen Teilen am Streifenanfang, mit einer Schere zum Zerkleinern des Abfalls, stufenlos einstellbares Getriebe, Einrichtung zum selbsttätigen Stillsetzen der Presse am Bandende (L. Schuler GmbH., Göppingen).

Bild 125. Feinstanzpresse bei der das Getriebe von unten her gegen den obenliegenden Tisch arbeitet (Osterwalder AG, Lyss).

2. *Steigerung der Genauigkeit* (Bild 125), sowohl bei der Form als auch bei der Winkligkeit der Schnittfläche. *Beim Feinschneiden* beträgt der Schneidspalt bei Werkstoffdicken von 1 mm 5 bis 10 μm und nimmt verhältnisgleich mit der Blech-

dicke zu. Außerdem werden zusätzliche Kraftansprüche an die Presse im Verhältnis von rd. $^8/_5$ der Schneidkraft gestellt. Das Schneiden muß nämlich so geführt werden, daß im erzeugten Querschnitt keine Bruchfläche entsteht, sondern der Querschnitt in seiner ganzen Höhe geschnitten wird. Daraus ergeben sich für die Presse besondere Ansprüche: Der Ständer muß so viel träge Masse haben, daß er Stöße und Schwingungen in sich aufnehmen kann; die Presse soll weitgehend symmetrisch gebaut sein, um ungleichmäßige Verformungen zu vermeiden; der Schwerpunkt des Stoßerregers ist so tief wie möglich zu legen. Das kann man beispielsweise dadurch erreichen, daß man Antriebswelle und Stößel nach unten legt, der Pressentisch sich also oben befindet. Hiermit sind auch die nachteiligen Auswirkungen von Lager-

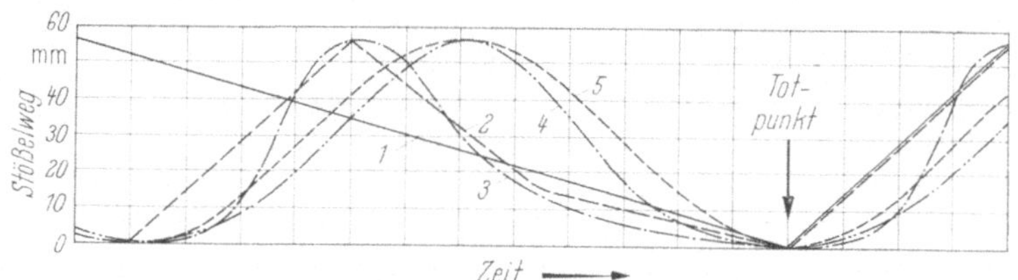

Bild 126. Kinematik verschiedener Pressenantriebe.
1 Hydraulische Feinstanzpresse; *2* hydraulische Feinstanzpresse mit Schnellgang; *3* Osterwalder Doppelknie-hebel-Feinstanzpresse; *4* Kniehebelpresse; *5* Exzenterpresse.

spielen beseitigt. Im Durchschnitt sollte die Schneidgeschwindigkeit weniger als 15 mm/s betragen, damit der Werkstoff Zeit zum Fließen hat und sich dadurch eine glatte Schnittfläche einstellt. Wie man das erreichen kann, zeigt die *Getriebekinematik* Bild 126. Hierbei benutzt die Osterwalder AG ein doppeltes Kniehebelgetriebe. Neben der geringen Schneidgeschwindigkeit ist natürlich die Aufrechterhaltung der Hubzahl erwünscht, um trotz niedriger Schneidgeschwindigkeit eine genügend große Stückzahl zu erreichen.

3. Einen Antrieb, der die *vielseitige Verwendbarkeit* einer Presse ermöglicht, zeigt Bild 127. Diese Maschine ist mit veränderlicher Antriebsübersetzung versehen und hat kleine Hubzahl für Zieh- und sonstige Umformvorgänge, hohe Hubzahl für Schneidaufgaben.

53. Schutz- und Sicherheitseinrichtungen, Lärmminderung. Leider ist es bei dem festgelegten Umfange dieses Buches nicht möglich, für dieses wichtige Gebiet hier einen ausführlichen Abschnitt einzufügen. Daher sei auf einiges einschlägige Schrifttum hingewiesen [*28*].

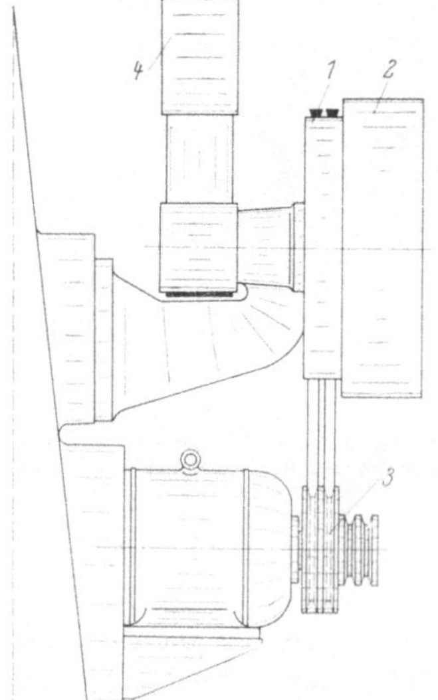

Bild 127. Exzenterpresse mit Umschaltvorgelege
(Eisenwerk Hensel, Bayreuth),

Das Schwungrad *1-2* ist auf zwei Drehzahlen umschaltbar. Es besitzt 2 Scheiben, eine leichte *1* und die als Schwungrad ausgebildete, größere Scheibe *2*. Der Motor hat eine entsprechende Keilriemenstufenscheibe *3*. Beim Stanzen mit hohen Hubzahlen ist zusätzlich das Arbeitsvermögen des durch Flachriemen angetriebenen Hauptschwungrades *4* wirksam. Beim Ziehen erfolgt der Antrieb mit niedriger Hubzahl. *4* hat dann nur ein geringes Arbeitsvermögen. Hierbei kommt jedoch das Arbeitsvermögen des mit höherer Umdrehungszahl laufenden Schwungrades *2* zur Geltung. Bekanntlich ist das Arbeitsvermögen eines Schwungrades dem Quadrat der Drehzahl proportional.

Folgende Ausführungen enthalten grundsätzliche Angaben:

Die gegenwärtig schwebenden Aufgaben der Stanzereitechnik erstrecken sich im wesentlichen auf die Steigerung von Sicherheit, Genauigkeit und Leistung. Die Pressen sind als gefährlich verrufen, und tatsächlich ist die Zahl der Unfälle erschreckend hoch, namentlich bei solchen Arbeiten, bei denen nicht vom Werkstoffstreifen geschnitten wird, bei denen das Teil nicht durch die Schneidplatte hindurchgeht und der Abfall abgeleitet oder als „Gitter" mit dem Band vorgeschoben wird (in welchem Falle meistens beide Hände zur Führung des Bleches notwendig sind), also namentlich bei Einlegearbeiten. Wird ein Presser in seinem Arbeitsrhythmus durch Anruf, Anfassen usw. gestört oder stimmt der von der Veranlagung und Stimmung abhängige Arbeitsrhythmus des Pressers nicht mit der Maschine überein, so ist es nur zu leicht möglich, daß die Finger, die Hand des Pressers vom Stempel erfaßt werden. Wo solche Fälle zu befürchten sind, muß man die Betätigung der Kupplung durch Fußtritt als unzulänglich bezeichnen und eine *Zweihandhebelausrückung* anbringen. Diese Vorrichtung kann jedoch nur Unfälle verhüten, wenn *beide Hände gleichzeitig* die Doppelhandhebel betätigen müssen. Bei jeder Doppelhandeinrückvorrichtung muß man den Nachteil mit in Kauf nehmen, von der Bedienung einen Handgriff, also einen Arbeitsaufwand zu fordern, der für den eigentlichen Fertigungsgang nicht unbedingt erforderlich wäre. Das Steuerungsschema kann man mit mechanisch, pneumatisch oder elektrisch betätigter Steuerung anwenden. *Fingerabweiser* sind nur dann ungefährlich, wenn sie nicht mit Gewalt auf den Menschen einwirken, sondern wenn sie die Maschine *ausschalten*, sobald der Abweiser in seiner Bewegung berührt oder angestoßen wird.

Das bisher Gesagte läßt erkennen, daß der Maschinenkonstrukteur außer der Sicherung zur Vermeidung von Unfällen durch den Riemen, das Schwungrad und ungewolltes Kuppeln des Schwungrades mit der Exzenterwelle wenig an der Unfallverhütungsfrage und ihrer Lösung mitarbeiten kann. Hauptsächlich bleibt dies dem Werkzeug- und Vorrichtungskonstrukteur vorbehalten. Die Bestrebungen gehen deshalb dahin, den Aufenthalt unter den Werkzeugen abzukürzen, indem man Vorrichtungen anbringt, die das unter dem Stempel verbleibende Werkstück entfernen. Außer Schrägstellen der Presse trifft man hierbei häufig auf die Verwendung von Preßluft, die den Vorteil hat, daß man in der Festlegung der Ableitungsrichtung nicht unnötig gebunden ist. Zudem ist mit dieser Sicherung eine Leistungssteigerung verbunden. Dies günstige Zusammentreffen können wir auch bei Einrichtungen finden, die der Werkstoffzuführung dienen. Die übliche Zuführgeschwindigkeit von Hand dürfte sich um 100 Zuführungen in der Minute bei durchlaufender Presse bewegen. Damit soll nicht gesagt sein, daß unter besonders günstigen Umständen – Schneiden kleiner Ausschnitte in einen Streifen u. dgl. – nicht auch ganz erheblich höhere Leistungen, bis mehr als das Doppelte, möglich wären. Doch sind das Ausnahmefälle, denen eine erheblich geringere Leistung gegenübersteht, wenn zu jedem Arbeitsgang die Kupplung betätigt werden muß. Genügen solche Stückleistungen, so ist es Sache des Werkzeugkonstrukteurs, für die notwendige Unfallsicherheit zu sorgen. Bei höheren Leistungsforderungen muß man mit Vorschubapparaten arbeiten [*31*: Teil 3, VDI 3244]. Diese bringen den Vorteil mit sich, daß sie jede Handbewegung unter dem Pressenstößel unnötig machen.

„Maschinenlärm verringern" ist eine neben den Schutz- und Sicherheitsmaßnahmen ernsthaft zu beachtende Aufgabe. Der Lärm ist erstens gesundheitsschädlich und setzt die menschliche Leistungsfähigkeit herab. Zweitens ist er ein Zeichen von falsch geleiteten Kräften und Energien in den arbeitenden Maschinen und bedeutet hier starke Abnutzung und schlechten Wirkungsgrad. Unter Hinweis auf die Richtlinien VDI 2058 über „Beurteilung und Abwehr von Arbeitslärm" behandelt GROTHEER mit Angabe von praktischen Beispielen schalldämmende Maßnahmen in Stanzereibetrieben[1], auf die hier ausdrücklich hingewiesen sei.

54. Maschinenaufstellung. Man kann beim elektrischen Einzelantrieb die Pressen so aufstellen, wie es der Fertigungsgang vorschreibt, z. B. Bild 128. Sind $P_1 \cdots P_4$ Pressen, $T_1 \cdots T_4$ die zugehörigen Pressentische, so ergibt sich von der Wand W aus eine gute Beleuchtung des Arbeitsplatzes (Lichtstrahlen s). Der Pressenführer F hat genügend Bewegungsfreiheit, um den ganzen Pressentisch und seine Umgebung von seinem Sitz aus zu beherrschen (f). Der Bewegungsraum für Pflege und Reparatur ist durch o gekennzeichnet. Durch die Bewegungen auf dem Verkehrsweg V kann der Pressenführer nicht belästigt werden. Das Beispiel P_4 zeigt das Arbeiten mit Abrollhaspel (g) für den Rohstoff und Aufwickelhaspel (h) für den Abfall. Die Werkstücke werden unter dem Pressentisch gesammelt. Die Pfeilrichtung p läßt erkennen, daß Rohstoff und Abfall ohne scharfe Kehren und ohne Belästigung des Mannes an der Maschine herangefahren und bereitgestellt bzw. abgefahren werden können. An der Presse P_3 sind i und k Werkstückbehälter, e das Abfallgefäß. Auch hier Bedienungsfreiheit und Übersicht für den Pressenführer ohne Belästigung des Nachbarn. In dieser Richtung sind lange Stäbe und Stangen

---

[1] GROTHEER, W.: Lärmminderung in Stanzbetrieben. Werkstatttechnik 57 (1967) 60–64.

als Rohstoff gefürchtet. Daß aber auch für diesen Fall günstige Lösungen möglich sind, zeigt das Beispiel P_2. Nach P_1 und P_2 lassen sich Pressen in der Fertigung verketten, wenn n eine Rutsche oder Schwingrinne darstellt und i wieder ein Werkstoffbehälter ist. Hier soll keine erschöpfende Darstellung der Aufstellungsmöglichkeiten geboten werden. Es sollen nur die Gesichtspunkte dargestellt werden, die in diese Aufgabe hereinspielen neben den Ansprüchen der eigentlichen Fertigung, die von Fall zu Fall verschieden sind. Bei wechselnder Fertigung ist es daher wünschenswert, die Pressen schnell und leicht verstellen und sie in ihrer Dreh- und Hubzahl den Belangen der Fertigung anpassen zu können. Beides dürfte mit den heutigen Mitteln nicht allzu schwer auszuführen sein.

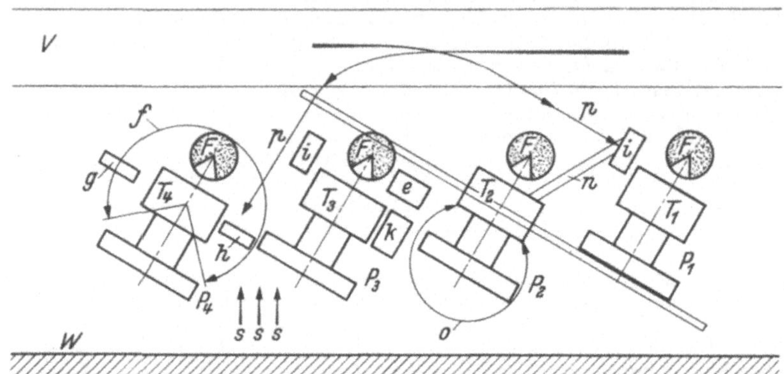

Bild 128. Aufstellungsmöglichkeiten von Pressen: $P_1 P_2 P_3 P_4$-Pressen; $T_1 T_2$...-Pressentische; *W* Wand mit Fenstern; *s* Lichtstrahlen; *F* Stauer; *f* Arbeitsraum des Stanzers; *o* Bewegungsraum für Pflege und Instandhaltung; *V* Verkehrsweg; *g* Abrollhaspel; *h* Aufrollhaspel; *p* Anfahrmöglichkeiten; *i* und *k* Werkstückbehälter; *e* Abfallsammelgefäß; *n* Rutsche oder Schwingrinne.

55. Maschinenpflege. Sinn der Maschinenpflege ist es, fertigungstechnisch gesehen, die Maschine im entscheidenden Augenblick fertigungsbereit zu haben. In der Presserei kommt ihr eine besondere Bedeutung deswegen zu, weil die Pressen infolge ihrer Arbeitsweise (starre Hubführung, der das Werkstück plötzlich einen erheblichen Widerstand entgegensetzt) immer bestrebt sind, sich selbst zu zerstören. Das schlagartige Ingangsetzen bzw. Stillsetzen und Abbremsen schwerer Massen der Maschine am Anfang und Ende des Hubes beansprucht erneut die Presse in allen ihren Teilen durch Stöße und Erschütterungen. Luft in den Lagern und Führungen verstärkt diese Wirkungen. Pressen beanspruchen daher mehr Pflege als andere Werkzeugmaschinen, wenn man mit der gleichen Betriebssicherheit wie bei diesen rechnen will. Hinzukommt, daß die Werkzeuge in den Pressen meist ein Mehrfaches des Wertes von Werkzeugen in den anderen Werkzeugmaschinen ausmachen. Eine schlecht instandgehaltene Presse verschleißt Werkzeugschneiden.

Die Pflege der Pressen muß in drei Formen organisiert werden [*31*: Teil 4, VDI 3014].

a) *Säubern* des Werkzeuges, des Pressentisches und der Spannfläche am Stößel; Kontrolle der Einstell- und Befestigungsschrauben; Abschmieren der Maschine bei Schichtbeginn oder beim Auswechseln des Werkzeuges. Diese Handhabungen gehören zum Akkord.

b) *Mindestens einmal wöchentlich* sollte die Presse gründlich *durchgeprüft* werden. Säubern und Prüfen der Schmierung, Kontrolle der Stößelführung, der Bremse, der Kupplung, des Getriebes. Ferner sind die Spannmittel für die Werkzeuge daraufhin zu untersuchen, ob sie noch 8 Tage mit der gewünschten Genauigkeit und Zuverlässigkeit durchhalten. Säubern des Motors. Riemenpflege. Hierfür sind $^1/_2$ bis 1 Stunde meist ausreichend.

c) *Die Instandsetzung* der Pressen soll planmäßig erfolgen, etwa so wie die Bundesbahn solche Arbeiten vornimmt. In regelmäßigen, im voraus festgesetzten Abständen (etwa alle 1 bis 2 Jahre oder nach x genutzten Arbeitshüben) werden die Pressen wieder in den Zustand versetzt, der für den betreffenden Betrieb wünschenswert ist. Die *Planung* der Maschinenüberholung sichert eine gleichmäßige Beschäftigung der Reparaturwerkstätten mit einer Geringstzahl an Handwerkern und gewährleistet, daß keine Maschine außerplanmäßig, mitten in der Fertigung, ausfällt [*30*].

Nicht nur die Zeitfolge, auch die technische Durchführung der Überholung sollte geplant werden. Es geht hierbei um die Arbeitsgenauigkeit der Presse und deren Sicherung. Die Arbeitsgenauigkeit der Presse ist abhängig von der Gestellstarrheit, der Führungssicherheit des Stößels, der Stößelstarrheit und schließlich der winkelrechten Zuordnung von Stößelbohrung, Stößelunterfläche und Tischoberfläche. Die Gestellstarrheit wird heute durch Linientafeln festgelegt, welche den Maschinen vom Hersteller beigegeben werden.

Was unter *Führungsgenauigkeit* des Stößels zu verstehen ist, soll Bild 129 verdeutlichen. Ein gewisses Spiel $(F-f)$ zwischen Stößel und Stößelführung ist zur Erreichung eines geringen Reibungswiderstandes nicht zu umgehen. Hierdurch wird es dem Stößel möglich gemacht, sich um den Winkel α gegen die Führung zu verkanten. Dieser Winkel α ist ein Maß für die Führungsgenauigkeit. Tritt nun vollends noch der Fall ein, daß die Punkte der Kraftübertragung von der Kugelkopfschraube auf den Stößel, von dem Stößel auf das Werkzeug und der Angriffspunkt der Resultierenden der gesamten Schneidwiderstände nicht in einer Senkrechten liegen, so tritt ein Kippmoment auf, das den Stößel verkantet, und zwar um so mehr, je größer α ist. Durch diese Verkantung erfolgt eine Krafteinwirkung auf die Stößelführung am Maschinengestell, die schließlich so weit geht, daß der Stößel sich unter dem Einfluß der entstehenden Reibung festklemmt, oder daß die Stößelführung abgesprengt wird. Zur Erzielung einer genauen Stößelführung kommt es also darauf an: 1. die Verkantungsmöglichkeit des Schlittens so gering wie möglich zu machen, d.h α klein zu halten. Dies kann erreicht werden durch Vergrößerung des Verhältnisses Führungslänge zu Führungsbreite L/F und l/f; 2. dafür Sorge zu tragen, daß der Angriffspunkt der Stößelkraft und die Resultierende der gesamten Widerstände möglichst in einer Senkrechten liegen, um das zerstörende Kippmoment so klein wie möglich zu halten. Ein ordnungsmäßiges Nachstellen der Führungsbahn ist also nicht so einfach, wie es auf den ersten Blick zu sein scheint; denn mit der Verringerung des Spiels allein ist es nicht abgetan, weil zum Beispiel bei einfachem einseitigem Nachstellen der Kraftübertragungspunkt zwischen Kugelkopf und Stößel aus der Stößelmitte herausgerückt würde. Um das Auftreten von Kippmomenten möglichst hintan zu halten, sollte man also möglichst mit beiderseitigen Zustelleisten arbeiten.

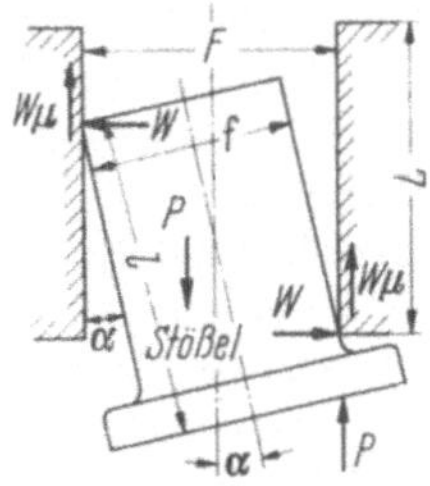

Bild 129
Verkanteter Stößel.

Aus Bild 129 geht nun hervor, wie gefährlich gerade das erwähnte Kippmoment dem Stößel ist, wie sehr es seine Arbeitsgenauigkeit beeinträchtigt, wenn der Stößel weit aus seiner Führung herausragt und das Kippmoment in einer zu der gezeichneten, um 90° gedrehten Ebene wirkt, und den Stößel, selbst wenn er in sich zur Druckkraftaufnahme stark genug ist, an dem Punkte, wo er aus seiner Führung heraustritt, abzubiegen sucht.

Wollte man die Pressen einer Werkstatt in Güteklassen einteilen, so hätte man 1. die Dehnung des Körpers bei verschiedenen Belastungen bzw. verschiedenen Geschwindigkeiten zu messen, um sich ein Bild über die Genauigkeitsbeeinträchtigung infolge der elastischen Dehnung und Verdrehung zu machen; 2. hätte man zur Beurteilung der Führungsgenauigkeit des Stößels für möglichst viele Punkte der Stößelbahn und für möglichst viele Lagen derselben das Spiel zwischen Stößel und Stößelführung in Abhängigkeit von dem Verhältnis „geführte Stößellänge zu Stößelbreite" festzuhalten[1].

C. Werkzeugfragen

56. Stanzereiwerkzeuge. Der Aufbau eines Stanzereiwerkzeuges hängt hauptsächlich von der Stückzahl ab, die damit insgesamt hergestellt werden soll; von der Stückzahl, die in der Zeiteinheit dabei anfallen muß; von der Zeit, die zur Herstellung des Werkzeuges zur Verfügung steht und von der Genauigkeit des herzustellenden Werkstückes.

Das beste Werkzeug taugt nicht, wenn es falsch oder unzweckmäßig eingebaut wird. Die elastischen Formänderungen einer Presse unter Kräftewirkungen müssen auch vom Werkzeug ertragen werden. Alle zur Herstellung notwendigen Toleranzen beim Bau von Werkzeugen müssen also so gelegt werden, daß sie diesen Bewegungen entgegenkommen [*29*: 1512 und *31*: VDI 3028].

57. Einbau der Werkzeuge. a) Festlegung der Arbeitshöhe. 1. Bei Pressen mit *verstellbarem Tisch* ist dieser auf Höhe zu stellen und auf der gewünschten

---

[1] Darüber Näheres: G. SCHLESINGER: Prüfbuch für Werkzeugmaschinen, 7. Aufl. (Middelburg: den Boer 1962) bzw. in den neueren „Prüfnormen für Werkzeugmaschinen".

Höhe festzusetzen. Dies ist wichtig, weil mit einer Lockerung der Schrauben, die den Tisch vorspannen, die Tischneigung sich ändert und jede Abweichung von der Senkrechten zur Kraftrichtung Schubwirkungen zeitigt.

2. *Einstellung des Hubes.* Grundsätzlich stellt man ihn so klein ein wie es die Betriebsumstände eben gestatten (s. Bild 47).

Obere Grenze: Freischneidende Werkzeuge benötigen keine obere Begrenzung. Führungswerkzeuge dürfen nur so weit auseinandergezogen werden, daß Stempel und Führungsplatte oder Säulen und Oberteil noch genügend Führung ineinander behalten.

Blockwerkzeuge müssen genau auf *die* Höhe eingestellt werden, die meist am Oberteil markiert ist. Dies mit Rücksicht auf die darin gegebenenfalls vorhandenen beweglichen Teile, die auf eine bestimmte Lage festgelegt sind.

Untere Grenze: Bei freischneidenden Werkzeugen soll der Stempel etwa 5 mm oder darüber hinaus um das Maß der Blechdicke in die Schneidplatte eindringen.

Führungswerkzeuge sollen im allgemeinen so tief ineinander gehen, daß mindestens jedes 2., allenfalls jedes 3. Blankett nach dem Schneiden vor dem eindringenden Stempel aus der Schneidplatte herausfällt.

Bei Blockwerkzeugen sollen die Stempel nur um Bruchteile eines Millimeters in die Schneidplatte eintreten, wenn nicht andere Rücksichten zu nehmen sind. Meist ist daher bei Blockwerkzeugen die Tiefststellung durch eine Marke festgelegt.

b) Einstellung des Führungsspiels am Stößel. Je steifer und je genauer der Stempel gegen die Schneidplatte geführt wird, desto besser das Schneidergebnis, desto länger die Schneidhaltigkeit. Je weniger zwingend die Führung an der Maschine, desto besser muß die Führung am Werkzeug sein und umgekehrt: Je genauer die Werkzeugführung, desto loser die Führung an der Maschine, damit keine Zwängung entsteht. Das bedeutet: Für das Freischneiden müssen die Führungen an der *Presse* sehr sorgfältig ausgerichtet und sehr eng gestellt werden (s. Bild 129).

Für das Führungswerkzeug ist die Ausrichtung wichtig. Die Engestellung hängt von der Spielgröße zwischen Stempel und Schneidplatte ab. Je größer dieses Spiel, desto enger die Führung an der Presse stellen.

Beim Blockwerkzeug ist nur dafür zu sorgen, daß der Stößel genau senkrecht arbeitet. Zwängung zwischen Blockwerkzeug und Presse vermeidet man durch seitlich lose Einhängung des Spannzapfens am Oberteil.

c) Befestigung des Stempels am Pressenstößel. Das Werkzeugoberteil muß allseitig spielfrei an der Unterseite des Stößels anliegen, um eine genügend große Fläche für die Kraftübertragung ohne Neigung zu Biegungsspannungen zu schaffen. Dazu muß die Stößelspannfläche unbedingt eben, ohne Marken, ohne verharzte Ölrückstände sein und darf nicht in diesen Zustand geraten.

d) Ausrichten der Werkzeugteile gegeneinander erfolgt grundsätzlich in der unteren Totlage des Exzenters. Durch Schläge mit dem Gummihammer und ähnliche Erschütterungen sorgt man dafür, daß sich die Schneidplatte ohne Klemmen frei nach dem Stempel einstellen kann. Je geringer die Führung der Werkzeugteile gegeneinander in sich selbst ist, desto wichtiger ist diese Arbeit.

e) Die Befestigung der Schneidplatte auf dem Pressentisch hat mit der gleichen Sorgfalt wie unter c) zu erfolgen. Wo die Gefahr besteht, daß sich beim Anziehen der Spannschrauben die Schneidplatte verschiebt, kann man die Reibung zwischen Tisch und Schneidplatte durch ein dünnes Stück Papier vergrößern. Die benutzten Spannschrauben müssen einwandfrei, die Auflagestücke für die Spanneisen genau so hoch wie die Spannränder des Werkzeugunterteils sein, damit beim Spannen und Stanzen kein Schub auf das Werkzeugunterteil ausgeübt wird. Die

Spannschrauben sind so dicht wie möglich an das Werkzeugunterteil heranzurücken. Hierbei dreht man die Presse von Hand durch, läßt sie dann leerlaufen. Stempel und Schneidplatte einölen.

f) Prüfen des Probeschnittes. An der Neigung zu Gratbildung und dem Aussehen der Schnittfläche kann man die Güte des Ausrichtens beurteilen. So lange muß nachgerichtet werden, bis das Werkstück befriedigt.

g) Prüfen des Stoff-Flusses. Werkstück und Abfall müssen frei wegfallen oder -gleiten können, dem zuzuleitenden Rohstoff dürfen sich keine Muttern und Schrauben störend entgegenstellen oder durch ihre Nähe die Bedienung erschweren und gefährden.

h) Anschluß des weiteren Zubehörs. Abstreifer, Vorschubvorrichtungen, Stapel- und Ladevorrichtungen sind in Stellung zu bringen.

i) Abschlußprüfung. Das ganze System ausprobieren. Alle Schrauben nochmals nachziehen.

Was über die Säuberung, Pflege und Instandhaltung der Pressen gesagt ist, gilt sinngemäß auch für die Werkzeuge. Die programmäßige Überholung beim Werkzeug wirkt sich so aus, daß diese jeweils nach Rückgabe des Werkzeuges an das Werkzeuglager erfolgt, also nach Fertigstellung eines Auftrages. Zweckmäßigerweise wird das Werkzeug unter Beifügung des zuletzt hergestellten Werkstückes zurückgegeben, damit der Werkzeugmacher aus dessen Aussehen gleich erkennen kann, wo und wie das Werkzeug am meisten beansprucht wurde [*31*: Teil 3, VDI 3360, und *29*: 1510].

58. Vorrichtungen. a) Selbst so einfache Arbeitsgänge wie Zählen ergeben bei Stundenleistungen von etwa 2000···3000 Stück eine erhebliche Belastung des Betriebes, so daß bei reiner Massenfertigung eine *Zählvorrichtung* unbedingt zur Betriebseinrichtung gehört. Bedingung ist jedoch, daß sie nicht einfacher Hubzähler ist, sondern nur jedes tatsächlich hergestellte Arbeitsstück zählt (Photozelle; Zählwaage).

b) Kontrollvorrichtungen. Unter den gleichen Umständen wie oben wird auch die Einzelkontrolle zur Unmöglichkeit, wenn man sie nicht durch Vorrichtungen ausführen läßt. (Prüfen elektrischer, akustischer Werte, Größenabmessungen, Dichtigkeit, Gratbildung, Abrundung der geschnittenen Kanten, Ebenheit des Werkstückes, Größenabweichungen, Glätte der Schnittfläche, usw.) Solche Vorrichtungen hängen in ihrer Ausführungsform vom Werkstück ab.

59. Fertigen. Wenn hier manches über den Betrieb oder das Betreiben einer Stanzerei gesagt worden ist, so soll damit nicht der Eindruck erweckt werden, als ob die Einrichtung das Wesentliche sei, daß dies und jenes unbedingt zur Einrichtung einer Stanzerei gehöre. Sinn alles Betreibens ist die Fertigung. Sie allein entscheidet darüber, was not ist. Im Brennpunkt des Fertigens schneiden sich die Wirkungen von Maschine, Werkzeug, Rohstoff, Erzeugnis, Abfall und die Wirksamkeit des Menschen. Diese Wirkungen richtig abzustimmen und zu verketten, so, daß mit dem geringsten Aufwand die verlangte Stückzahl in der vorgeschriebenen Zeit bzw. in einer hinreichenden Genauigkeit mit der gewünschten Fertigungsgeschwindigkeit erstellt wird, das ist die Aufgabe, die es zu lösen gilt und die man sich bei allen Maßnahmen vor Augen halten muß [*31*: Teil 3, VDI 3370].

Anhang

Tabelle 7. *Textabschnitte und Abbildungen der 3. Auflage dieses Buches, auf die in den Werkstatt-
büchern Heft 57 (Stanztechnik II, 3. Aufl.) und Heft 59 (Stanztechnik III, 2. Aufl.) verwiesen wird*

a) Textabschnitte. Die in den Heften 57 und 59 zitierten Abschnitte der 3. Auflage von
Heft 44 haben in der 4. Auflage dieses Buches die hier angegebenen Nummern.

Zitierte Abschn.-Nr.	2 bis 12	18	19	23	24	31	32	33	34	37	40	41	43	54
in der 4. Aufl. Nr.	2 bis 12	19	20	24	25	33	34	35	36	39	42	43	45	55

b) Abbildungen. Die in den Heften 57 und 59 zitierten Abbildungen haben in der vorliegenden 4. Auflage von Heft 44 die hier angegebenen Bildnummern[1].

Zitierte Abb. Nr.	6	7	16	17	18	32	51	52	53	54	56	57	58	64	70	71
in 4. Aufl.: Bild	17	18	26	27	28	42	61	62	66	67	68	69	71	85	91	92

Zitierte Abb.-Nr.	77	78	79	83	84	85	96	97	98	99	100	101	102	110
in 4. Aufl.: Bild	99	98	100	104	105	106	113	114	115	116	117	118	119	122

[1] Die Abb. 14, 55 und 103 bis 108 in Heft 44, 3. Aufl., sind, da veraltet, nicht wieder aufgenommen worden.

Tabelle 8. *Genormte Stanzwerkstoffe*

	Stoff oder Güte-Vorschriften (DIN)	Form- oder Maß-
Stahl		
Grobbleche über 4,75 mm Dicke	1620/1621	1543/17 100
Mittelbleche 3···4,75 mm Dicke		1542
Feinbleche unter 3 mm Dicke	1623	1541
Bandstahl, warm gewalzt; 0,8···8 mm Dicke; 10···150 mm Breite	1612	1016
Breitflachstahl; von 3···40 mm Dicke; Breite 160 bis 1000 mm	WAN 501 Blatt 3	Vorschrift der B-Bahn
Flachstahl; warm gewalzt; Dicke 5···60 mm; Breite 12···150 mm	1612	1017
Flachstahl; gezogen	1612	(Isa h 11) 174
Stahlbleche; legierte	L 452	1541
Kaltgewalzter Bandstahl; Dicke 0,05···5 mm; Breite bis 1000 mm	jedwede Güte	1544
Dynamo- und Transformatorenbleche	46 400	46 400
Kupfer		
Flachkupfer; gezogen; Dicke 2···20 mm; Breite 5 bis 120 mm	1787	1768
Kupferblech; kalt gewalzt; Dicke 0,1···5 mm; Breite bis 1000 mm	1708	
Kupferblech; kalt gewalzt und beschnitten; Dicke von 0,1 mm an, Breite bis 600 mm	1708	
Kupferbänder	17 670	1791
Messing		
Blech; kalt gewalzt; Dicke 0,1···5 mm; Breite bis 1000 mm	1709	1751
Band; kalt gewalzt und beschnitten; Dicke 0,1 bis 4 mm, Breite bis 600 mm	1709	1791
Blech und Band für Federn; Dicke 0,1···1,2 mm; Breite 3···160 mm	1780/17 660	1777/1781
Flachmessing; scharfkantig; Dicke 2···20 mm; Breite 10···50 mm		1759
Sondermessing	17 661	1777

Tabelle 8 (Fortsetzung)

	Stoff oder Güte-Vorschriften (DIN)	Form- oder Maß-Vorschriften (DIN)
Bronze		
Bleche aus Bronze; Dicke 0,1···12 mm; Breite bis 350 mm	WBz 6	1777 /1781
Neusilber, Blech und Band für Federn; Dicke 0,1 bis 1,2 mm; Breite 3···160 mm	17663/1780	1777
Aluminium-Bronze	17665/1714	—
Sonstige Metalle		
Nickel, Kobalt und ihre Legierungen	17740···45	—
Zinkblech; Paketwalzung; Dicke 0,15···6 mm; Breite bis 1000 mm	1706	9721
Zinkband; Einzelwalzung; Dicke 0,15···6 mm; Breite bis 800 mm	17770	9722
Zinklegierungen	1743	9721/9722
Aluminium		
Aluminiumblech; kalt gewalzt; Dicke 0,2···5 mm; Breite bis 1000 mm	1712	59600
Aluminiumband; kalt gewalzt; Dicke 0,1···4 mm; Breite bis 600 mm	1712/1745	59605/1784
Flach Al; gezogen mit scharfen Kanten; Dicke 2 bis 20 mm; Breite 5···50 mm		1769
Flach Al; gepreßt mit gerundeten Kanten; Dicke 3 bis 20 mm; Breite 10···120 mm		1770
Al-Ronden		59603
Aluminium-Legierungen		
Blech aus Al-Legierungen; Dicke 0,2···30 mm; Breite bis 1000 mm	1745	1783
Band und Streifen; Dicke 0,2···3 mm; Breite bis 750 mm	1745	1784
Flachstangen; gezogen; Dicke 2···20 mm; Breite 5···50 mm	1747	1769
Flachstangen; gepreßt; Dicke 3···20 mm; Breite 10···120 mm	1747	1770
Magnesium-Legierungen		
Blech aus Mg-Legierungen; Dicke 0,3···10 mm; Breite bis 650 mm	9715	9101
Flachstangen; gezogen; Dicke 2···20 mm; Breite 5 bis 50 mm	9715/1729	9701
Flachstangen; gepreßt; Dicke 3···20 mm; Breite 10 bis 120 mm	9715/1729	9702

Schrifttum

Für interessierte Leser eine Auswahl von weitergehenden Veröffentlichungen, die z.T. auch im Text dieses Buches als Quellen angegeben sind.

[1] Aluminium-Taschenbuch, Düsseldorf: Aluminium-Verlag.

[2] BREMBERGER, M.: Stanzerei-Handbuch für Konstrukteure, München: Hanser 1965.

[3] DRÄGER, E.: Spanlose Formarbeiten auf Kurven- und Aushauscheren. Ind.-Anz. 1960, H. 22, S. 17.

[4] EBERTSHÄUSER, W.: Technologie der Blechverarbeitung. Bänder, Bleche, Rohre, Düsseldorf: Triltsch 1965, S. 71–86.

[5] GÖHRE, E.: Der Schneidspalt von Schnitten und sein Einfluß auf ihre Standzeit. Werkstattstechnik 29 (1935) 313. – GRÖBNER, H. J.: Wirtschaftliche Stanztechnik, Berlin/Göttingen/Heidelberg: Springer 1961.

[6] HEINRICH, E.: Die Werkzeugstähle, 2. Aufl., Werkstattbücher, Heft 50, Berlin/Göttingen/ Heidelberg: Springer 1964.

[7] HEITER, G.: Zubringe-Einrichtungen in der Blechverarbeitung. Werkstattstechnik 49 (1959) 146.

[8] HILBERT, H.: Stanzereitechnik, Bd. I: Schneidende Werkzeuge; Bd. II: Der runde Ausschnitt; Bd. III: Die Vorkalkulation in der Stanzereitechnik, München: Hanser 1949, 1950, 1954.

[9] Hörig, W.: Wirtschaftlichkeit von Stufenpressen bei der Fertigung kleiner Reihen. Werkstattstechnik 47 (1957) 343.

[10] JETSCHKE, K.: Die Verwendung von kontaktgesicherten bzw. kontaktgesteuerten Werkzeugen. L. Schuler AG, Göppingen.

[11] KACZMAREK, E.: Praktische Stanzerei Bd. I, 4. Aufl., Bd. II, 4. Aufl., Bd. III, Berlin/Göttingen/Heidelberg: Springer 1954. – Scharfschliffarten von Werkzeugen. Werkstattstechnik 39 (1949) 21–22.

[12] KELLER, FR.: Genauschneidverfahren. Fertigungstechnik u. Betrieb 1963, S. 529. – Einfluß des Schneidspaltes auf die Schnittkraft und die Schnittarbeit beim Lochen mit kleinerem Durchmesser als die zu lochende Blechdicke. Fertigungstechnik u. Betrieb 1960, S. 301, und 1965, H. 3. – Einfluß des Schneidspaltes auf die Abmessungen des Loches und des Putzens beim Lochen mit kleinerem Stempeldurchmesser als die zu lochende Blechdicke. Fertigungstechnik u. Betrieb 1961, S. 194. – Die Beeinflussung der Trennflächen und der Trennzonen durch den Schneidspalt beim Lochen. Fertigungstechnik und Betrieb 1961, S. 251. – Untersuchung über den Einfluß des Schneidspalters beim scherenden Schneiden. Fertigungstechnik u. Betrieb 1953, S. 285.

[13] LANG, M.: Moderne Ausbau-, Kurven- und Mittelscheren. Ind.-Anz. 1960, S. 67.

[14] MÄKELT: Die mechanischen Pressen, München: Hanser 1961.

[15] MEISSLER, L.: Erprobte Werkzeuge aus der Stanzereitechnik, München: Hanser 1954.

[16] OEHLER, G.: Die Universal-Schnitt- und Stanzwerkzeuge, München: Hanser 1950. – Der derzeitige Stand des Feinstanzverfahrens. Werkstattstechnik 41 (1951) 82–88.

[17] OEHLER, G., u. F. KAISER: Schnitt-, Stanz- und Ziehwerkzeuge, 5. Aufl., Berlin/Heidelberg/ New York: Springer 1966.

[18] PÖSCHL, H.: Verbindungselemente der Feinwerktechnik, Berlin/Göttingen/Heidelberg: Springer 1954.

[19] ROMANSKI: Handbuch der Stanzereitechnik, Berlin: VEB Verlag Technik 1959.

[20] SCHMETTOW, H.: Elektr. Überwachung in der Stanzerei. Werkstattstechnik 45 (1955) 596.

[21] SCHRÖDER, A.: Richtlinien feinmechanischer Konstruktion und Fertigung, Berlin: Union Deutsche Verlagsgesellschaft 1955.

[22] L. Schuler AG: Handbuch für die spanlose Formgebung, Göppingen: Selbstverlag 1934.

[23] STEHLE, M.: Neue Werkstoffe für Stanzereiwerkzeuge. Z. VDI 1939, Nr. 27, S. 811.

[24] STRASSER, F.: Lochstanze für dicken Werkstoff. Werkstattstechnik 43 (1953) 329.
STRAUBER, M.: Über den Werkstoff und die Wärmebehandlung der Schnittplatte. Werkstattstechnik 48 (1958) 593–596.

[25] WEINGARTEN: Ausgewählte Kapitel der spanlosen Formgebung für Konstruktion und Betrieb, Weingarten: Selbstverlag 1937.

[26] WÜRFEL, I.: Der Schmidt-Schnitt. Bänder, Bleche, Rohre 1965, S. 31.

[27] ZÜNKLER, B.: Beitrag zur Geometrie der Schneidwerkzeuge und zur Mechanik des Schneidvorganges. Bänder, Bleche, Rohre 1963, S. 344–350.

[28] Schriftenreihen und Unfallverhütungsbilder des Hauptverbandes der gewerblichen Berufsgenossenschaften. 509 Leverkusen 4.
Schriftenreihe Arbeitssicherheit des Vereins Deutscher Sicherheits-Ingenieure e.V., 5 Köln, Agilofstr. 5:
Heft 5. Sicherheitsgerechtes Gestalten von Maschinen, Köln: O. W. Seeger 1963.

Ferner:

COMPES, P. C.: Sicherheit am Arbeitsplatz. VDI Nachrichten Nr. 13 vom 15. 6. 1960.
MÖHLER, E.: Der Einfluß des Ingenieurs auf die Arbeitssicherheit, Berlin: VEB Verlag Tribüne 1958.
SCHAARSCHMIDT, H.: Lichtschranken als Sicherheitseinrichtungen, Essen: Vulkan-Verlag Dr. W. Classen 1958.
KETTNER, S., u. O. SEEGER: Taschenbuch „Automatisierung der Fertigung", Stuttgart: Franckhsche Verlagshandlung 1960.
Unfallverhütungsvorschriften des Hauptverbandes der gewerblichen Berufsgenossenschaften, Zentralstelle für Unfallverhütung, 53 Bonn, Reuterstr. 157–159.
VBG 7a: Arbeitsmaschinen allgemein. – VBG 7n: Scheren. – Exzenter- und verwandte Pressen. – Hydraulische Pressen. – Spindelpressen.

Werkstattzeichnungen für Schutzeinrichtungen. Zu beziehen durch Dipl.-Ing. ZELLER, 7015 Korntal bei Stuttgart, Tony-Schumacher-Weg 1.
WSV 4: Schutz der Handspindelpresse.
WSV 5: Sicherung der Handhebelscheren.
WSV 12: Pleuelschutz an Exzenterpressen mit freiliegendem Exzenter.
WSV 13: Fangvorrichtungen an Reibradspindelpressen
WSV 20: Schutz gegen das Einrücken von Exzenterpressen am Gestänge.
WSV 23: Sicherung gegen unbeabsichtigtes Einrücken von Tafelscheren.
WSV 25–27: Fingerschutz an Fußpendelpressen I–III.
WSV 34: Fingerschutz an kraftbetriebenen Rundscheren.
WSV 52: Schutz an Pressenwerkzeugen.
WSV 53: Hilfswerkzeuge für Pressen zum Einlegen und Entfernen der Werkstücke.
[29] AWF-Schriften (beim Beuth-Vertrieb erhältlich, 1 Berlin 30 u. 5 Köln).
 1503 Messer und Bandstahlschnitte.
 1506 Richtlinien für den wirtschaftlichen Einsatz der Stanzereiwerkzeuge.
 1510 Richtlinien für das Einrichten von Stanzereiwerkzeugen.
 1512 Pflege und Instandhaltung von Stanzereiwerkzeugen.
 5974 Auswahl der Stähle für Stanzerei-Werkzeuge.
[30] RKW-Schriftenreihe „Wege zur Wirtschaftlichkeit“, Heft W 3: Die vorbeugende Instandhaltung – Mittel zur Verringerung von Produktionsausfällen (Ing. H. KÖHLINGER) 1962.
[31] VDI-Handbuch Betriebstechnik:
 Teil 2 Fertigungsverfahren, VDI 3367, Steg- und Randbreite beim Stanzen.
 Teil 2 Fertigungsverfahren, VDI 3142, Gummi-Zug-Schnitt-Verfahren.
 Teil 3 Betriebsmittel, VDI 3360, Sicherung von Stanzwerkzeugen. Elektrische Kontaktschalter.
 Teil 3 Betriebsmittel, VDI 3370, Mechanisierte und automatisierte Arbeitsvorgänge in Stanzwerkzeugen (Einlegearbeiten).
 Teil 3 Betriebsmittel, VDI 3244, Zubringe-Einrichtungen in der Fertigungskette.
 Teil 4 Betriebsüberwachung, VDI 3014, Anleitung zur Pflege von mechanischen Pressen.
 Teil 4 Betriebsüberwachung, VDI 3028, Anleitung zur Pflege der Werkzeuge für spanlose Formung.
[32] DR Patent DRP 496226 Kl 49c Gr. 14, PELS: Verschieden große Spalten bei verschieden dicken Werkstoffen.
[33] DDR Patent 38063 Kl 7c 1 PK B 21d: Verfahren und Vorrichtung zum Herstellen von einseitig offenen Aussparungen an dickwandigen Werkstücken.

Sachverzeichnis

(Fortsetzung 4. Umschlagseite)